U0651314

科普惠农实用技术丛书

高效养羊
实用技术问答

权 凯　韩浩园　主编

中国农业出版社

北 京

图书在版编目（CIP）数据

高效养羊实用技术问答 / 权凯，韩浩园主编.
北京：中国农业出版社，2025. 7. -- (科普惠农实用技术丛书). -- ISBN 978-7-109-33161-7

Ⅰ. S826-44

中国国家版本馆CIP数据核字第2025E5G389号

中国农业出版社出版

地址：北京市朝阳区麦子店街18号楼
邮编：100125
责任编辑：王森鹤　周晓艳
版式设计：杨　婧　　责任校对：吴丽婷　　责任印制：王　宏
印刷：北京缤索印刷有限公司
版次：2025年7月第1版
印次：2025年7月北京第1次印刷
发行：新华书店北京发行所
开本：880mm×1230mm　1/32
印张：7.75
字数：202千字
定价：48.00元

编写人员 >>

主编　权凯　韩浩园

编者　(以姓氏笔画为序)

马建玲　王　维　王先宁　王献伟　尹慧茹

左志丽　权　凯　刘　昆　刘军召　李　君

李慧娟　李德立　时俊峰　吴帅帅　张　浩

陈文萍　郑爱荣　施会彬　姜义宝　姚嘉伦

董秀琴　韩　露　韩浩园　管升诚

　　本书由河南省农业良种联合攻关项目"中部农区多胎肉用绵羊新品种培育（2022020105）"、河南省肉羊产业技术体系首席专家（HARS-23-15-S）项目资助，河南省肉羊产业技术体系牵头撰写。

羊是人类最早驯养的家畜之一，为人们提供肉、奶、毛、皮等生活资料，在人类社会历史进程中发挥着重要的经济和文化作用。但现代养羊不同于传统养羊，要想养羊赚钱，不仅需要专业技能，还需要在思想上摆脱传统养羊观念，从品种选择、饲养管理、疫病防控等方面学习和提升，建立"市场需求为导向，政府政策为引导，科学技术为支撑，金融保险为保障""企业＋政府＋科研机构＋金融机构＋养殖户"的融合发展模式。

随着社会经济发展和人们精神生活需求的日益多样化，养羊已经从传统的放养进入规模化、组织化、信息化和专业化饲养的时代；从规模上看，目前以100只以上养羊户为主；从养殖模式上看，除了传统牧区的放牧外，舍饲养殖已经成为主要养殖模式；从专业化程度来看，养羊者已能掌握繁育、防疫等基本操作。此外，信息化时代的养羊者不仅对市场行情、新知识、新技术等有不同程度的需求，同时也希望了解羊的文化历史、产业发展等方面的内容。

为改变传统的养殖理念，必须做到技术创新、思想创新、价值创新、管理创新。笔者针对乡村振兴战略下养羊者的技术和知识需求，编写了《高效养羊实用技术问答》一书，整理了肉羊养殖中的 100 个关键问题，以期帮助养羊场（户）标准化、规范化养羊，实现品种良种化，模式标准化，生产流程化、制度化，经营组织化、链条化，推动品种培优、品质提升、品牌打造和标准化生产，提升养羊经济效益。

由于编者的水平有限，错漏和不当之处在所难免，诚望批评指正。

编　者

2025 年 6 月

视频目录

一、养羊业概况

1. 羊在人类生活中的作用是什么？

（1）羊为人类提供生活必需品　羊是草食家畜，在牧区以放牧为主，农区和半农半牧区用大量秸秆等农副产品喂饲，为人类提供羊肉（图1-1）、羊毛（绒）（图1-2）、羊皮（图1-3）和羊奶（图1-4、图1-5）等产品。这些产品是食品工业、毛纺工业、制革

图1-1　羊肉产品

图1-2　羊毛纺织车间

图1-3　羊皮

图1-4　羊奶

图1-5　羊奶粉

工业和化学工业等的重要原料。

（2）养羊是农业支柱产业之一　在广大乡村和牧区，可用贫瘠的草场和荒山荒坡种草养羊，在生产羊肉、羊奶、羊毛等产品的同时，为农业提供优质肥料，提高农产品质量，进而改善当地人民的生活水平。因此，养羊业是深受群众欢迎的农业支柱产业。

（3）养羊业是实现乡村振兴的重要抓手　在我国的不少农牧区，养羊业现在已成为支柱产业，成为新农村建设新的经济增长点，对繁荣产区经济和增加农牧民收入起到了积极的推动作用。据不完全统计，全国羊交易市场超过4万家，交易数量从几十只到几百只不等，活羊的日交易额近10亿元（图1-6）。养羊业从养殖到销售，2020年产值超过8 000亿元。目前我国养羊主体是农牧民，从业人口超过2 000万人，一定程度上解决了乡村就业问题。

图1-6　活羊交易市场

2. 我国肉羊养殖方式和现状如何？

目前我国肉羊养殖方式主要有放牧、放牧+舍饲以及舍饲三种方式，形成了传统放牧模式、工厂化养殖模式和休闲观光养殖模式。目前，我国养羊主要模式依然是传统放牧模式，随着产业化、规模化发展，近年来现代工厂化养殖模式快速发展，但受资源和环境条件的限制，加上人们对绿色、健康食品的追求，休闲观光养殖模式的发展后劲十足。

（1）**传统放牧模式** 传统放牧模式的优点在于能均衡利用不同季节的牧场，有利于草原的恢复，能保持家畜与草原生态多样性并存的耦合关系。依靠畜种和牧草的多样并存，既有利于饲草的均衡、高效利用，又有助于草原生态的自我恢复（图1-7）。

图1-7 传统放牧模式

（2）**工厂化养殖模式** 我国养羊业的发展起源于草地养羊业，在多年的粗放经营过程中给草原生态造成了巨大破坏，为了控制草原的沙化、退化，国家开始实施退耕还林和退耕还草工程，采取了禁牧、休牧、轮牧措施，但这在缓解环境恶化的同时也限制了养羊业的发展，迫使我国出现了"北羊南移"的战略转变。

工厂化养羊是科技发展形成的一种集约化生产模式（图1-8）。工厂化养羊的特点是饲养场规模大、饲养密度高、技术密集性高、生产周期短、生产力和劳动生产率高、产品适应市场需求、饲养方式以全舍饲为主。工厂化养羊采用人为控制环境的配套技术，将秸秆利用、牧草种植、日粮配合、环境控制、程序免疫、健康养殖、排泄物利用、产业化发展等单项技术进行集成、组装，建立了农区肉羊工厂化生产的新工艺，实现了规模化、集约化高效生产与产业化服务的平衡协调。

工厂化养羊是肉羊产业化发展的必然趋势。近年来，随着肉羊产业化的市场引导、技术支撑、金融保障、政策导向等条件的成熟，工厂化已成为我国肉羊产业化发展的必由之路。

图1-8　工厂化养羊模式

（3）休闲观光养殖模式　休闲观光牧场是现代畜牧业与旅游业融合发展的新产物，也是新形势下畜牧业转型升级的有效手段（图1-9）。休闲观光牧场作为一种休闲畜牧业规模化、专业化、产业化经营的新形式，集教育科普、休闲度假、娱乐康养、餐饮民宿、文化传播于一体，不仅经济收益优于传统牧业的单一经营模式，还能够传播知识、扩大就业、改善生态，进而促进畜牧业绿色发展、经济社会的协调发展、人与自然的和谐发展。准确把握休闲观光牧场的概念和内涵，需要厘清其与休闲农业、乡村旅游、休闲农场的区别与联系。

休闲观光牧场不同于一般意义上的农业庄园、采摘园、农家乐等乡村旅游形式，而是大规模饲养、产业化经营、企业化管理的公司式经营主体。目前，我国休闲观光牧场基本上都建有标准化规模养殖场，基本实现了产业化的运营和企业化的管理模式。以养羊为主的休闲产品开发也以牧草、羊产品为重心，兼顾休闲观光。但还存在产品结构单一、丰富性不足、吸引力不强、体验性旅游产品不多的问题，同时消费群体也主要集中在家庭亲子中，游客结构比较简单。

图1-9　休闲观光养殖模式

3. 我国肉羊产业现状和发展趋势是什么?

（1）产业现状　我国肉羊产业规模庞大，市场消费空间巨大。2020年我国羊存栏3.1亿只、出栏3.2亿只，肉羊产业产值近万亿元。羊肉产量492万吨、消费量534万吨，产量较2001年增加了220万吨，人均年消费羊肉由1.7千克增加到了3.8千克，羊肉消费占肉类产量的比重从2000年的4.39%增加到2020年的6.35%，总体呈现需求庞大且持续增加的趋势。

（2）发展趋势　我国的养羊业进入一个重要的战略转型期。养殖品种从毛、绒用羊为主向肉用羊为主转变（图1-10）；养殖优势区域由北方牧区向中部农区转变（图1-11）；养殖模式由传统小规模放牧向规模化舍饲转变（图1-12）；羊肉市场需求从成年羊向肥羔羊转变；羊肉产品从单一胴体向精细化分割产品转变；同时绿色优质、环境友好和动物福利等标准和要求也越来越受到人们的重视。

"十四五"乡村振兴战略下的肉羊产业发展趋势，是以市场为导向、科技为支撑、政府为引导、金融为保障，采用品种良种化、规模家庭化、方式设施化、模式标准化、经营组织化等方法，通过上下游合作，形成利益联结机制，最终实现肉羊的品种培优、品质提升、品牌打造和标准化生产。

毛用羊

肉用羊

图1-10 养殖品种从毛、绒用羊向肉用羊转变

北方牧区

中部农区

图1-11 养殖区域从北方牧区向中部农区转变

放养

舍饲

图1-12 养殖模式从小规模放牧向规模化舍饲转变

4. 什么是肉羊种业工程？

种业是农业的"芯片"，也是国家战略性、基础性的核心产业。我国是养羊大国，羊存栏量、出栏量、肉产量均居世界第一位。我国肉羊种业近年来发展迅速，种质资源不断丰富，良种繁育体系逐步完善，种羊生产水平稳步提升。但总体上看，与肉羊产业发达国家仍存在较大差距。

中国肉羊的育种从20世纪30年代开始，经历了以引入国外品种开展杂交改良为主，以毛肉兼用细毛羊、半细毛羊新品种培育为主和以专门化肉羊品种和肉用细毛羊新品种培育为主的三个阶段。育成了鲁西黑头羊、鲁中肉羊和黄淮肉羊3个适于舍饲的高繁殖力专门化肉用品种，使肉羊生产水平稳步提升，羊出栏率由1980年的23%提高到2019年的105.4%，胴体重也由10.5千克提高到15.2千克。

肉羊种业是我国肉羊产业发展的关键支撑，适逢国家打好种业翻身仗的良好机遇，随着全国上下对肉羊种业的重视，我国开始深入实施肉羊遗传改良计划，组织开展肉羊良种联合攻关（图1-13），不断健全肉羊良种繁育体系，遴选出了一批核心育种场（图1-14）。我国在实施现代种业提升工程的过程中，重点支持

图1-13 河南省肉羊良种联合攻关项目启动会

图1-14 国家级肉羊核心育种场

羊种业基础设施建设，不断提升国内种质资源保护、育种创新、测试评价、良种繁育等能力。近年来，我国肉羊种业发展迅速，种质资源不断丰富，企业育种能力不断增强，育种技术水平不断提升，为肉羊产业高质量发展提供了强有力的种源保障。

5. 什么是肉羊三产融合发展？

肉羊三产融合发展是指以全面实施乡村振兴战略为引领，围绕"品种培优、品质提升、品牌打造和标准化生产"的理念，采用"小群体、大规模"和"户繁、企育、龙头带动"的养殖模式，依托以羊为主导产业的现代农业产业园、产业集群、产业强镇和农业产业化联合体，实现"生产+加工+科技+营销"为一体的绿色、全产业链的三产融合发展。

（1）健全肉羊繁育体系　采用"企业+集体经济合作社+农户+企业"的市场化运营模式，形成三级繁育体系（图1-15）。

图1-15　肉羊三级繁育体系

（2）完善加工和销售体系　以市场为导向，针对区域肉羊开展屠宰加工，通过羊肉产品销售带动屠宰加工，以屠宰加工引导肉羊育肥、商品羊繁育和肉用种羊培育。

（3）科技支撑　围绕肉羊产业发展，建立健全以科技研发和技术服务为主的肉羊产业科技支撑体系。

（4）联农带户　围绕主导产业，建立联农带户机制，发挥肉羊养殖"小群体、大规模"的特点，通过建设肉羊现代农业产业园等措施做好政府引导（图1-16）。

图1-16　甘肃环县肉羊产业园

二、羊的生理特点及常见品种

6. 羊的生物学特性是什么？

羊属哺乳纲、偶蹄目、牛科、羊亚科食草类反刍家畜，是牛科分布最广，成员最复杂的一个亚科，同时也是六畜之一，有绵羊和山羊之分。绵羊和山羊有很多相似的生物学特性，但也存在差别。

视频1

（1）行为特点　绵羊性情温驯，行动较迟缓，缺乏自卫能力，警觉机敏，受到突然惊吓容易"炸群"，属沉静型小型反刍动物。山羊则性格勇敢活泼，动作灵活，善于攀登陡峭的山岩，有一定抵御兽害的能力，属活泼型小型反刍动物（图2-1）。

图2-1　山羊

羊 的 合 群 性 强 于 其 他 家 畜， 绵羊又强于山羊，地方品种强于 培育品种，毛用品种强于肉用品 种。驱赶时，只要有"头羊"带领 （图2-2），其他羊就会紧紧跟随，如 进出羊圈、放牧、起卧、过河、过 桥或通过狭窄处时。羊的合群性有 利于放牧管理，但羊群之间距离太 近时，往往容易混群。

图2-2　领头羊

（2）**采食特点**　绵羊和山羊均 具有薄而灵活的嘴唇和锋利的牙齿，能啃食短草，采食能力强。 羊的嘴较窄，喜食细叶小草，如羊茅和灌木嫩枝等；四肢强健有 力，蹄质坚硬，能边走边采食。羊能利用的饲草饲料广泛，包括 多种牧草、灌木、农副产品以及禾谷类籽实等。

（3）**适应性**　羊喜干厌湿，耐寒怕热。羊宜在干燥通风的 地方采食和卧息，湿热或湿冷的棚圈和低湿草场对羊不利。羊喜 净厌污，嗅觉灵敏，食性清洁，绵羊、山羊都喜欢干净的水、草 和用具等。羊的抗病力强，善游走，有很好的放牧性能。其母 性强，母羊主要凭嗅觉鉴别自己的羔羊，而视觉和听觉起辅助 作用。

7. 羊的生理特点是什么？

（1）**羊的生理指标**　羊正常体温为38～39.5℃，羔羊比成年 羊高约0.5℃；脉搏数为70～80次/分；呼吸频率为12～20次/ 分（表2-1）。羊一般都是胸腹式呼吸，胸壁和腹壁的运动都比较 明显，呈节律性运动，吸气后紧接呼气，经短暂间歇，又行下一 次呼吸。

表2-1 羊的体温、呼吸、脉搏（心跳）数值

年龄	性别	体温（℃）		呼吸（次／分）		脉搏（次／分）	
		范围	平均	范围	平均	范围	平均
3～12月龄	公	38.4～39.5	38.9	17～22	19	88～127	110
	母	38.1～39.4	38.7	17～24	21	76～123	100
1岁以上	公	38.1～38.8	38.6	14～17	16	62～88	78
	母	38.1～39.6	38.6	14～25	20	74～116	94

（2）羊的消化特征　在正常情况下，羊用上唇摄取食物，靠唇舌吮吸把水吸进口内来饮水。羊瘤胃左侧肷窝稍凹陷，瘤胃收缩次数为每2分钟2～4次（表2-2）。羊粪呈小而干的球状（图2-3）。羊排尿时，都取一定姿势。

表2-2　羊的反刍情况和瘤胃蠕动次数

年龄	每个食团咀嚼次数		每个食团反刍时间（秒）		反刍间歇时间（秒）		瘤胃5分钟蠕动次数（次）	
	范围	平均	范围	平均	范围	平均	范围	平均
4～12月龄	54～100	81	33～58	44	4～8	6	9～12	11
1岁以上	69～100	76	34～70	47	5～9	6	8～14	11

图2-3　羊粪

（3）羊的繁殖特性　羊在6～10月龄具备繁殖能力，妊娠期在150天左右。肉用品种羊多四季发情，大尾寒羊、小尾寒羊、湖

羊以及山羊中的济宁青山羊、成都麻羊、陕南白山羊等母羊都是常年发情，一胎多产，最高可一胎产 7 ~ 8 只羔羊。气候环境条件差的地方，羊为季节性发情，以单胎为主；在气候环境条件好的地方，羊全年发情，且多胎高产（图2-4）。

图2-4　多胎羊母子

8. 羊是如何起源与驯化的？

（1）**绵羊的起源**　绵羊在动物分类学上属偶蹄目、牛科、羊亚科、绵羊属，染色体数目为27对。其野生近缘种有7个物种，分别是羱羊（图2-5）、阿尔卡尔羊（图2-6）、亚洲摩弗伦羊（图2-7）、欧洲摩弗伦羊（图2-8）、加拿大盘羊（图2-9）、雪羊（图2-10）和大白羊（图2-11）。

图2-5　羱羊

13

图 2-6　阿尔卡尔羊

图 2-7　亚洲摩弗伦羊

图 2-8　欧洲摩弗伦羊

图 2-9　加拿大盘羊

图 2-10　雪羊

图 2-11　大白羊

现代家养绵羊至少存在3个进化分支，即欧洲进化分支、亚洲进化分支和欧亚混合进化分支；存在2个父系起源，即欧洲驯化中心和中东驯化中心。我国河南省洛阳市偃师二里头遗址的古绵羊属于亚洲世系A，与我国特有的地方品种如小尾寒羊、湖羊、蒙古羊、同羊等有着共同的母系祖先。

（2）山羊的起源　山羊在动物学分类上与绵羊同亚科但不同

属，山羊属于山羊属，该属分为8个种：野山羊、家山羊、羱羊、西敏羱羊、高加索羱羊（图2-12）、东高加索羱羊、西班牙羱羊、嵰羊（*C. falconeri*）。除了家山羊外，山羊属的剩余品种都属于野生种，但是大部分野生种都已经灭绝或者处于濒临灭绝状态。

图2-12　高加索羱羊

家山羊染色体数目为30对。家山羊在历史上有两个驯化地，即近东的新月区（图2-13）和巴基斯坦。一般认为家山羊有两个祖先：佩刀状角的角羱羊（*Capra aegagrus*）（图2-14）和旋角羱羊（*Capra falconeri*）（图2-15）。我国山羊主要存在支系A和支系B两大母系起源，山羊群体经历了三次大的群体扩张。

图2-13　新月区

图2-14　佩刀状角的角羱羊

图2-15　旋角羱羊

（3）羊的驯化　绵羊和山羊约在400万年前即已分化。在旧石器时代末期和新石器时代初期，原始人类以狩猎为生，逐渐掌握了野羊的特性。人类不断地改进狩猎工具，捕获的活羊越来越多，一时吃不完或幼小不适于立刻食用的羊便被留养起来，开始对它们进行驯养和驯化。

扎格罗斯（Zagros）北部到安纳托利亚（Anatolia）东南部的连续地带发现了现存最早的驯化绵羊化石，表明在距今1.1万年前的中石器时代末期人类就驯化了绵羊。

我国在河南省新郑市裴李岗遗址发现了距今7 000多年前新石器时代中期零星的羊骨骼和牙齿的碎片。内蒙古石虎山遗址出土了放射性碳龄约为距今5 700年的羊骨骼。4 000年前洛阳市偃师二里头遗址发现了古绵羊遗骸（图2-16）。这说明我国从数千年前就开始了对羊的养殖。

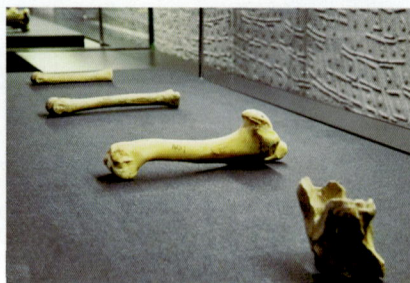

图2-16　洛阳市偃师二里头遗址的古绵羊遗骸

9. 羊的品种数量及分类、分布情况如何？

（1）羊的品种和数量　全世界现有绵羊品种1 314个、山羊品种570个。我国绵、山羊品种资源十分丰富，2020年5月，国家畜禽遗传资源委员会组织整理、汇编了《国家畜禽遗传资源品种名录》，包含了155个羊的品种。其中，绵羊地方品种43个，培育品种及配套系30个，引入品种及配套系8个；山羊地方品种60个，培育品种及配套系11个，引入品种及配套系3个。

（2）羊的分类　按照生产方向分类，羊通常可分为毛用羊、皮用羊和肉用羊。

①毛用羊　分为细毛羊、半细毛羊和粗毛羊。细毛羊主要是生产同质细毛，如澳洲美利奴羊、中国美利奴羊；毛肉兼用细毛羊如新疆毛肉兼用细毛羊、东北毛肉兼用细毛羊；肉毛兼用细毛羊如德国美利奴羊、泊列考斯羊。半细毛羊主要是生产同质半细毛，如萨福克羊、南丘羊、陶赛特羊等，按体型结构和产品的侧重点可分为毛肉兼用和肉毛兼用两大类。粗毛羊主要是生产粗毛，是我国主要的羊种资源，如蒙古羊、藏羊和哈萨克羊等。

②皮用羊　分为裘皮羊和羔皮羊。裘皮绵羊品种所产的裘皮称为"二毛皮"，如滩羊的裘皮称为"滩羊二毛皮"，是我国裘皮羊的典型品种；非裘皮绵羊品种所产的裘皮叫作"绵羊二毛皮"。羔皮绵羊品种有湖羊和卡拉库尔羊。

③肉用羊　分为肉脂羊和肉羊。肉脂羊具有肥大的尾部（脂尾和肥臀），我国粗毛羊皆属于肉脂羊，如大尾寒羊、小尾寒羊、阿尔泰羊、乌珠穆沁羊、同羊、兰州大尾羊及广灵大尾羊（山西）等。肉羊是指具有独特产肉性能的羊，即专门化肉用品种，其具有生长发育快、早熟、饲料转化率高、产肉性能好、肉质佳、繁殖率高、适应性强等特点。其体型外貌具有体躯长、肩宽而深、

背腰平直、后躯臀部宽大、肌肉丰满、体躯呈圆桶形、长瘦尾等特征。我国肉用羊品种有黄淮肉羊、鲁西黑头羊和鲁中肉羊3个培育品种，国外引进的品种有杜泊羊、夏洛来羊、萨福克羊等。

（3）羊的分布　我国羊品种分布以伏牛山为重点区域。黄河流域及北部区域主要分布蒙古羊系绵羊（图2-17）；西北地区和新疆主要分布哈萨克系绵羊（图2-18）；青海、西藏等地区主要分布藏系绵羊（图2-19）；黄淮平原地区主要分布白山羊；四川盆地等我国南方主要分布黑山羊。

公羊

母羊

图2-17　蒙古羊

公羊

母羊

图2-18　哈萨克羊

公羊　　　　　　　　　　　　　　　母羊

图2-19　藏羊

10. 常见地方多胎绵羊品种有哪些?

（1）**小尾寒羊**　是肉裘兼用型绵羊品种，主要产于山东省的西南部和河南省的北部地区。小尾寒羊产量高、体型大、效益佳，被国家定为名畜良种，被人们誉为中国"国宝"、世界"超级羊"及"高腿羊"品种（图2-20、图2-21）。小尾寒羊具有早熟、多胎、多羔、生长快、产肉多、肉质好、裘皮质量好、遗传性稳定和适应性强等特点。其缺点是饲料转化率低，舍饲条件下羔羊成活率低，在杂种优势利用时适合作母本。

公羊　　　　　　　　　　　　　　　母羊

图2-20　小尾寒羊

图2-21　小尾寒羊羔羊

（2）湖羊　主要分布于我国太湖地区，由于受到太湖的自然条件和人为选择的影响，逐渐育成独特的一个稀有品种。湖羊体格中等，公、母羊均无角，颈细长，体躯狭长，背腰平直，腹微下垂，尾扁圆，尾尖上翘，四肢偏细而高（图2-22、图2-23）。湖羊具有早熟、四季发情、多胎多羔、繁殖力强、泌乳性能好、生长发育快、产肉性能好、肉质好、耐高温高湿等优良性状。

公羊

母羊

图2-22　湖羊

图2-23　湖羊羔羊

11. 常见引入肉用绵羊品种有哪些？

（1）杜泊羊 原产于南非共和国，是该国在1942—1950年，采用从英国引入的有角陶赛特公羊与当地的波斯黑头母羊杂交，经选择和培育而成的肉用羊品种。根据杜泊羊头颈的颜色，分为白头杜泊羊和黑头杜泊羊两种（图2-24、图2-25）。其头顶部平直、长度适中，额宽，鼻梁隆起，耳大稍垂，既不短也不过宽；颈粗短，肩宽厚，背平直，肋骨拱圆，前胸丰满，后躯肌肉发达；四肢强健而长度适中，肢势端正，整个身体犹如一辆高大的马车。

公羊

母羊

图2-24 白头杜泊羊

公羊

母羊

图2-25 黑头杜泊羊

杜泊绵羊分长毛型和短毛型两个品系。长毛型生产地毯毛，较适应寒冷的气候条件；短毛型被毛较短（由发毛或绒毛组成），能较好地抵抗炎热和雨淋。杜泊羊一年四季不用剪毛，因为它的毛可以自然脱落。

（2）**夏洛来羊**　原产于法国中部的夏洛来丘陵和谷地。夏洛来羊是以英国莱斯特羊、南丘羊为父本，以当地的细毛羊为母本杂交育成。1963年被命名为夏洛来肉羊，1974年法国农业部正式承认该品种。公、母羊均无角，额宽，耳大，颈短粗，肩宽平，胸宽而深，肌部拱圆，背部肌肉发达，体躯呈圆桶形，身腰长，四肢较矮，肢势端正，肉用体型良好。其被毛同质，呈白色，被毛匀度有时略差（图2-26）。

公羊　　　　　　　　　　　　母羊

图2-26　夏洛来羊

（3）**东弗里生羊**　源于欧洲北海群岛及沿海岸的沼泽绵羊。东弗里生羊原产于德国东北部，是目前世界绵羊品种中产奶性能最好的品种。东弗里生羊体格大，体型结构良好；公、母羊均无角，被毛呈白色，偶有纯黑色个体出现；体躯宽长，腰部结实，肋骨拱圆，臀部略有倾斜，尾瘦长无毛（图2-27）。母羊乳房结构优良、宽广、乳头良好。

公羊

母羊

图2-27　东弗里生羊

12. 常见地方多胎山羊品种有哪些？

（1）黄淮山羊　原产于我国黄淮海平原南部，该区域自然资源丰富，在当地农民长期的饲养过程中，经过自然选择和人工选择，使体型较大、生长速度快、性成熟早、产羔率高的公羊和母羊得以选留，经过年复一年的繁衍，逐渐形成了适应黄淮流域饲养条件和自然环境的黄淮山羊（图2-28）。黄淮山羊以适应性强、采食能力强、抗病力强、肉质鲜美、皮张质量好、遗传稳定等优点深受黄淮流域广大农民的欢迎。

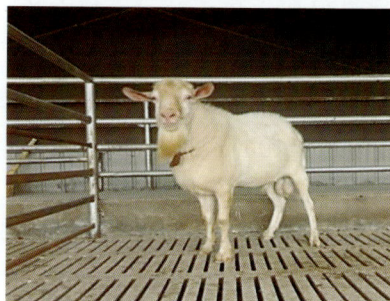
公羊

母羊

图2-28　黄淮山羊

　　在河南省，黄淮山羊又名槐山羊，因自清代后沈丘县槐店镇成为黄淮山羊的板皮集散地而得名（图2-29）。2014年沈丘县槐山羊板皮（槐皮）、槐山羊肉被列为国家地理标志产品。槐山羊是河南省地方优良畜禽种质资源，具有三大特色：一是繁殖率高，平均每胎产羔3只以上，是目前公认的世界上繁殖率最高的山羊品种；二是板皮品质良好，可以分割为7层，是国际市场上久负盛名的"汉口路"板皮；三是羊肉品质好，羊汤鲜美，是上海世界博览会指定食材。槐山羊的缺点是体格小，舍饲羔羊成活率低，难以产业化发展。

公羊　　　　　　　　　　　　　　　　母羊

图2-29　沈丘县槐山羊

　　（2）**南江黄羊**　是四川省南江县以纽宾奶山羊、成都麻羊、金堂黑山羊为父本，以南江县本地山羊为母本，采用复杂育成杂交方法进行培育，后又导入吐根堡奶山羊的血统，经过长期选育而成的肉用型山羊品种。该品种于1995年10月经过南江黄羊新品种审定委员会审定，1996年11月通过国家畜禽遗传资源管理委员会羊品种审定委员会实地复审，1998年4月被农业部批准正式命名。南江黄羊不仅具有性成熟早、生长发育快、繁殖力高、产肉性能好、适应性强、耐粗饲、遗传性稳定的特点，而且肉质细嫩、适口性好、板皮品质优。南江黄羊适宜在农区、山区饲养，是目前我国山羊品种中产肉性能较好的品种之一（图2-30）。

公羊

母羊

图2-30　南江黄羊

（3）**马头山羊**　原产于湖北省的郧阳市、恩施市以及湖南省的常德市，是生长速度较快、体型较大、肉用性能较好的地方山羊品种之一。1992年被国际小母牛基金会推荐为亚洲首选肉用山羊，也是农业农村部重点推广的肉用山羊品种。马头山羊属肉皮兼用型品种，具有体型大、生长快、屠宰率高、肉质细嫩、板皮性能好、繁殖力强、杂交亲和力好、适应性强等特点。公、母羊均无角，两耳平直、略向下垂，被毛全白（图2-31）。

公羊

母羊

图2-31　马头山羊

（4）雷州山羊　又称徐闻山羊或东山羊，属于以产肉为主的山羊地方品种（图2-32）。原产于广东省的徐闻县，分布于雷州半岛及海南省的10多个市（县）。雷州山羊在清代即已开始饲养，以肉肥、味美闻名。雷州山羊被毛多为黑色，富有光泽，少部分个体的被毛为麻色及褐色。雷州山羊能很好地适应高温、高湿的生态条件，具有性成熟早、生长发育快、繁殖力强、耐粗饲、肉质好等特点。

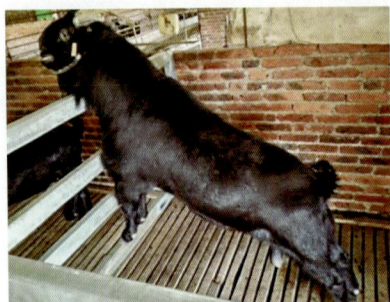　

公羊　　　　　　　　　　　　　　　　母羊

图2-32　雷州山羊

13. 常见引入肉用山羊品种有哪些?

（1）波尔山羊　原产于南非，之后被引入德国、新西兰、澳大利亚以及我国，是目前世界上最著名的肉用山羊品种。波尔山羊具有生长快、抗病力强、繁殖率高、屠宰率和饲料转化率高的特点，同时具备肉质好、胴体瘦肉率高、膻味小、多汁鲜嫩等优质羊肉特点，是世界上唯一经多年生产性能测验、目前最受欢迎的肉用山羊品种（图2-33）。波尔山羊性情温顺，易于饲养管理，对各种不同的环境条件具有较强的适应性。

公羊　　　　　　　　　　　　母羊

图2-33　波尔山羊

（2）努比亚山羊　是世界著名的肉、乳、皮兼用型山羊品种之一，原产于非洲的埃及。其体高与萨能奶山羊相当，产肉量高于萨能奶山羊。努比亚山羊性情温顺，繁殖力强，不耐寒冷但耐热性能强（图2-34）。

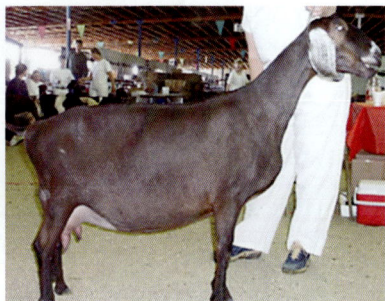

公羊　　　　　　　　　　　　母羊

图2-34　努比亚山羊

14. 什么是专门化肉羊品种？

专门化肉羊品种是以多羔、生长快、胴体品质好和肉质性状优良等为主要育种目标，用于生产以瘦肉率高、脂肪含量少的优质羊肉为主的肉羊品种。

（1）**培育品种——黄淮肉羊** 黄淮肉羊是河南省牵头培育的首个肉羊品种，是结合黄淮地区气候资源和环境条件，以杜泊羊为父本、小尾寒羊为母本，采用常规育种与分子育种相结合，历经18年培育而成的专门化多胎肉用绵羊新品种（图2-35至图2-37）。黄淮肉羊具有繁殖率高、早期生长发育快等特点，母羊年繁殖率为252.82%，每只母羊年提供断奶羔羊2.38只，6月龄屠宰率公羊为（56.02±1.25）%、母羊为（53.19±1.19）%。该品种适合规模化舍饲养殖，效益显著。

图2-35 黄淮肉羊公羊

图2-36 黄淮肉羊哺乳母羊和羔羊

图2-37　黄淮肉羊育成羊

（2）引入品种——白头萨福克羊　白头萨福克羊是在黑头萨福克羊的基础上培育而成，生产性能方面保留了原黑头萨福克羊的体型大、生长发育快、产肉性能好的特点。由于白萨福克羊全身皆为白色，所以其杂交后代不会出现黑毛等杂毛，更利于肉羊的杂交改良。澳大利亚于1977年开始培育，1986年成立品种协会。

白头萨福克羊体格粗壮，外形优美，胸宽而深，背腰平直，四肢粗壮，颈长而粗，公、母羊均无角，体质结实，结构匀称，鼻梁隆起，肩宽平，头颈肩结合良好，后肢肌肉发育丰满（图2-38）。白头萨布克羊具有耐寒、抗病以及适应性强等优点。成年公羊体重为100～140千克，成年母羊体重为65～75千克。白头萨福克羊与地方品种的杂交改良效果明显，屠宰率在52%以上，3

图2-38　白头萨福克羊公羊

月龄羔羊体重可达37千克，4月龄羔羊体重可达56～58千克；肉质细嫩，脂肪较少，瘦肉率高。白头萨福克羊全年发情，2年3产，繁殖率为150%～220%，公羊初配年龄为9～12月龄，母羊初配年龄为7～8月龄。公羊的配种使用年限为5～8年，母羊的配种使用年限为6～9年。

15. 常见乳用羊品种有哪些？

（1）培育品种——关中奶山羊　关中奶山羊是我国从20世纪30年代起，利用萨能奶山羊与地方山羊品种进行育成杂交，经过长期繁育和有计划的选育而形成。该品种的育成与地方优越的自然生态条件、丰富的饲草饲料资源以及饲养管理水平有密切关系。1990年通过国家畜禽品种验收鉴定，并正式命名。关中奶山羊主产于陕西关中地区的富平、三原和泾阳等县，主要分布于渭南、咸阳、宝鸡、西安等地区。关中奶山羊体质结实，乳用体型明显，产奶性能好，抗病力强，耐粗饲，易管理，适应性广，肉质鲜美，遗传性能稳定，是我国优良的乳用山羊品种（图2-39）。

公羊　　　　　　　　　　　　　　　母羊

图2-39　关中奶山羊

（2）引入品种——萨能奶山羊 萨能奶山羊原产于瑞士，是世界上最优秀的奶山羊品种之一，是奶山羊的代表品种。现有的奶山羊品种几乎半数以上都含有不同程度的萨能奶山羊血统。萨能奶山羊具有典型的乳用家畜体型特征，其后躯发达，被毛呈白色，偶有淡黄色毛尖，具有"四长"的外形特点，即头长、颈长、躯干长、四肢长，乳房发育良好；公、母羊均有须，大多无角（图2-40）。

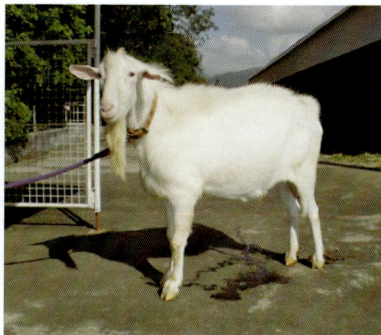
公羊

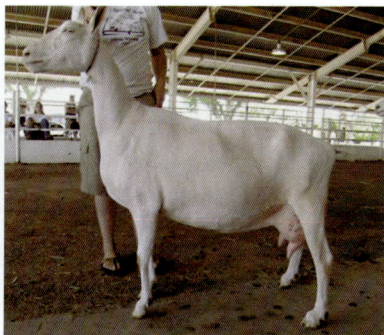
母羊

图2-40 萨能奶山羊

三、羊的选育技术

16. 什么是肉羊三级繁育体系？

　　肉羊根据性质和用途分为种羊、繁育羊和商品羊。种羊必须是《国家畜禽遗传资源目录》列入的品种，符合本品种标准，来源于具有本品种种畜禽生产经营许可证的种羊场，且为生长发育良好、肉用性能突出的优良品种（图3-1）。种羊生产需要政府、科研单位和企业联合实施。繁育羊是利用良种公、母羊繁育的商品后代，对品种、品质没有严格要求，适合一家一户式的家庭养殖（图3-2）。商品羊又称育肥羊（图3-3），其经过集中育肥后，可以为屠宰厂提供屠宰羊羊源。育肥需要一定的技术基础，一般由养殖大户和企业实施。

图3-1　种羊

图3-2　繁育羊

图3-3　商品羊

在三级繁育体系中，种羊可以为繁育羊提供稳定的良种种羊来源，保持繁育羊群的品种和品质；繁育羊可以用来生产商品羊，繁育出来的羔羊在断奶后可直接出售或经育肥后出售，严格意义上讲，繁育羊的养殖场（户）不能对外销售种羊，繁育羊群体每年更新约20%；商品羊来源可以是断奶羔羊，也可以是淘汰的成年羊（图3-4）。种羊、繁育羊和商品羊的比例在生产区域内通常为1∶100∶200。

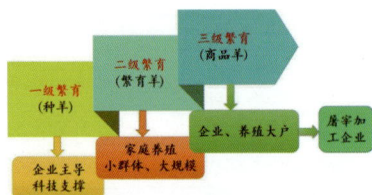

图3-4　肉羊三级繁育体系构架

17. 种羊如何进行个体鉴定？

羊的外形就是羊的外部形态表现，也称外貌。外形在一定程度上能够反映机体的内部机能、生产性能和健康状况。

（1）头部　羊的头部以头骨为基础，不同用途的羊头部结构存在差异。一般来说，以肉用为主的羊头短而宽；以毛用为主的羊头部较长，面部较大；以乳用为主的羊头部不是很大，外表干燥，皮肤薄，头部显得突出。羊头部的耳朵形状、犄角的有无与形状、肤色、被毛的长短与颜色、胡须的有无、肉垂的有无等构成了不同羊品种的头部特征。

①耳朵　不同羊品种的耳朵大小不同，甚至同一羊品种的不同个体，其耳朵也分为大、中、小三种；而且耳朵的伸展方向也存在差异，一般耳朵较大的垂向地面，耳朵较小的朝前或朝向两侧（图3-5）。因此，羊耳朵的形状及大小属于品种特征。

大而下垂的耳　　小而平伸的耳　　大而朝前的耳

图3-5　羊的耳部特征

②犄角　有的羊品种公、母羊均有角，成年公羊角一般较母羊角粗、长，螺旋明显；有的羊品种公、母羊均无角；也有的羊品种公羊有角，而母羊无角。羊角的大小、形状、伸展方向多种多样，在不同的品种间具有种属特异性（图3-6）。

无角

螺旋形角

小角（姜角）

镰刀形角

对旋角

直立角

弓形角

图3-6　不同形状的羊角

③嘴型　正常的羊嘴是上颌和下颌对齐。上、下颌对合不良，比较严重时就会影响正常采食。要确定羊上、下颌齐合情况，宜

从侧面观察。若下颌或上颌突出，则属于遗传缺陷。下颌短者，俗称"鹦鹉嘴"。上颌短者，俗称"猴子嘴"（图3-7）。

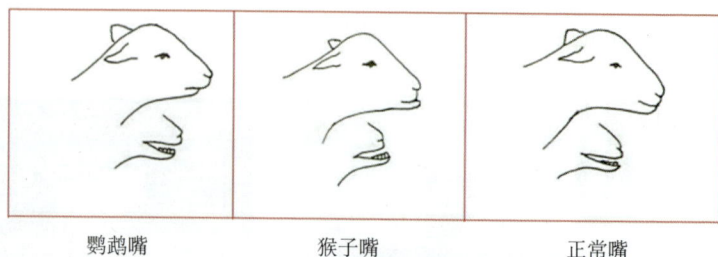

| 鹦鹉嘴 | 猴子嘴 | 正常嘴 |

图3-7　羊的嘴形示意

④须髯　绵羊均无须。山羊的须髯因品种而异，有的山羊品种仅有须，而有的山羊品种有须又有髯。

⑤肉垂　有的山羊品种颈下部有两个肉垂，如萨能奶山羊群体中有部分个体有肉垂。吐根堡山羊也有肉垂（图3-8）。

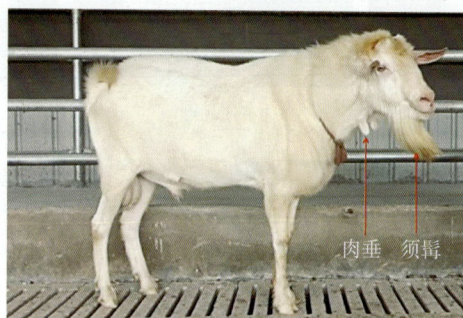

图3-8　羊的须髯、肉垂

（2）**颈部**　以颈椎为基础。颈部因羊的种类、品种、性别及生产类型的不同而有长短、粗细、平直、凹陷与有无皱纹之分。要求羊的颈与躯干连接自然，结合部位不应有凹陷。一般要求颈部的长短与厚薄应发育适度。

（3）**鬐甲**　又称肩峰，是以第2至第6背椎棘突和肩胛软骨为解剖基础。鬐甲是连结颈、前肢和躯干的枢纽，有长短、宽窄、高低和分岔等几个类型，其连结的好坏，对能否保证前肢自由运动至关重要。一般要求羊的鬐甲高长适度，厚而结实，并和肩部连接紧密。肉用羊鬐甲宽，与背部水平；毛用羊的鬐甲大多比背线高，比肉用羊的鬐甲窄；乳用羊的鬐甲高而狭。

（4）**胸部**　位于两肢之间。胸腔由胸椎、肋骨和胸骨构成，是呼吸、循环系统所在地，其容积的大小是心、肺发育程度的标志，对羊的健康和生产性能影响较大。一般要求羊的胸部有较大的长度、宽度和深度。从前面看，可以看出胸的宽度和肋骨的扩张情况。肋骨扩张愈好，弯曲成弓形，则胸部呈圆筒形，胸腔的容积大，因而羊的心、肺也较发达。由侧面看，可以看出胸的深度和长度。狭胸平肋或胸短而浅属于严重的缺陷。一般来说，肉用羊的胸部宽而深，但较短；毛用羊的胸部长而深，但宽度不足；乳用羊的胸部较长，但宽度和深度不足。

（5）**背部**　以最后6～8个胸椎为基础，有长、短、宽、窄、凹、凸和平直等几个类型。良好的背应该是长、直、平、宽，与腰结合良好，由鬐甲到十字部成一水平线，不可有凹陷或拱起。如果羊背部过长，且伴有狭胸平肋，则为体质衰弱的表现。背的宽狭决定于肋骨的弯曲程度，弯曲度大为宽背，反之为窄背。背的平直和凹凸主要取决于椎体的结构、附着其上的肌肉与韧带的松弛程度。椎体结合不良，肌肉和韧带松弛，可表现为背部的上拱、下陷、瘤状突起、波浪弯曲和鞍形凹凸等不同形式。一般说来，肉用羊的背部要求宽而平；毛用羊的背部比肉用羊背部窄；乳用羊的背部很窄且呈尖形。

（6）**腰部**　以腰椎为基础，要求宽广平直，肌肉发达。羊的腰部过窄和凸凹都是"损征"，如果腰椎过长，同时两侧肌肉又不发达，则形成锐腰。腰椎体结合不良导致凹腰与凸腰，使得腰部软弱无力。肉用羊的腰部平直，宽而多肉；乳用羊的腰窄，肌肉不发达，脂肪不足；毛用羊的腰部则介于前两者之间。

（7）腹部 在背腰下侧无骨部分，是消化器官和生殖器官的所在地。腹部应大而圆，腹线与背线平行。"垂腹""卷腹"属于不良性状。垂腹也叫"草腹"，表现在腹部左侧显得特别膨大而下垂，多由于幼年期营养不良，采食大量质量低劣的粗饲料，造成瘤胃扩张、腹肌松弛，最终形成垂腹。这种现象在农村特别普遍。垂腹多与凹背相伴随，是体质衰弱、消化力不强的标志。尤其对于公羊，垂腹妨碍其交配（采精），这类羊不宜选作种用。卷腹与垂腹相反，是由于幼年期长期采食体积小的精饲料，腹部两侧扁平，下侧向上收缩形成卷腹状态。一般要求肉用羊的腹部大而圆，腹线与背线平行；乳用羊的腹部前窄后宽呈三角形；毛用羊的腹部介于前两者之间。

（8）尻部 由骨盆、荐骨及第1尾椎连接而成。尻部要求长、宽、平直，肌肉丰满。母羊尻部宽广，有利于繁殖和分娩，而且两后肢相距也宽，有利于乳房的发育，产肉量也多。尻部宽广对乳用羊和肉羊尤为重要。尖尻和斜尻都是尻部的严重缺陷，往往会造成后肢软弱和肌肉发育不良。

（9）臀部 位于尻的下方，由坐骨结节及两后大腿形成。臀的宽窄决定于尻的宽窄。宽大的臀对各种用途的羊都适合，特别是肉羊更要求臀部宽大，这类羊的优质肉产量高。

（10）四肢 羊的四肢要求具有端正的肢势，即由前面观察时，前肢覆盖四肢；由侧面观察时，一边的前、后肢覆盖另一边的前、后肢；由后面观察时，后肢覆盖前肢。四肢要求结实有力，关节明显，蹄质致密，管部干燥，筋腱明显。忌X形和O形肢势（图3-9）。健康的羊，应是肢势端正，球节和膝部关节坚实，角度合适；肩胛部、髋骨、球节倾角适宜，一般应为45°左右，不能太直，也不能过分倾斜。蹄腿部有轻微毛病者一般不影响生活力和生产性能，但失格比较严重的羊往往生活力较差。蹄甲过长、畸形、开裂者或蹄甲张开过度的羊均不宜留种（图3-10）。

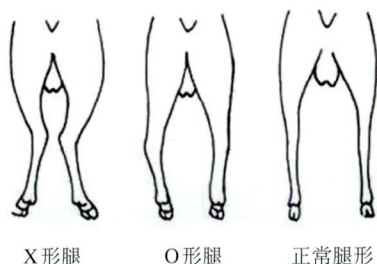

| X形腿 | O形腿 | 正常腿形 |

图3-9 羊的腿形示意

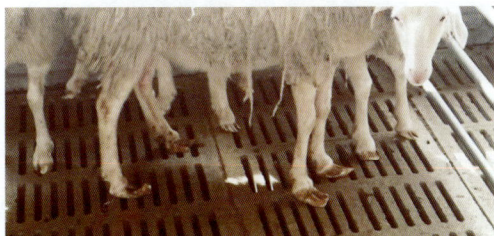

图3-10 羊的蹄甲过长

（11）**乳房** 是母羊的重要器官，乳用羊和乳肉兼用羊要求乳房形大，乳腺发达，结缔组织则不宜过分发达。鉴别乳房时应注意其形状、大小、品质和乳腺的发育情况，乳头的形状、大小、位置，以及乳静脉、乳井的发育情况等（图3-11）。

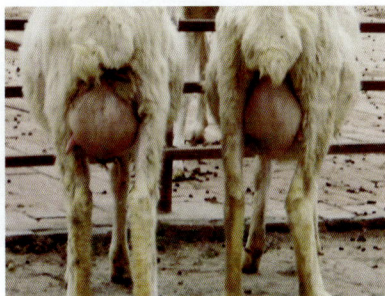

图3-11 羊的正常乳房

（12）生殖器官 是鉴定种羊时极为重要的部位。公羊要求有成对的、发育良好的睾丸，两侧睾丸大小、长短一致，阴囊紧缩而不松弛，包皮干燥而不肥厚（图3-12）。单睾和隐睾的羊不能留作种用。母羊要有发育良好的阴门，外形正常，以利分娩。

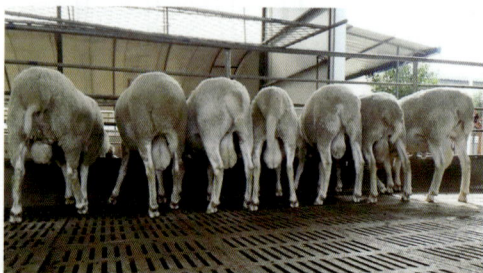

图3-12　公羊的正常睾丸

（13）尾 羊尾的长短、粗细、肥瘦，因羊的品种、性别、体质而不同（图3-13）。山羊尾一般较小，并且大部分上翘。

短脂尾

长脂尾

长瘦尾

短瘦尾

山羊尾

图3-13　羊的尾形

（14）皮肤和被毛 羊的皮肤分厚、薄、紧密和疏松四类。一般情况下，皮厚的羊毛粗，皮薄的羊毛细，皮肤紧密的羊毛稠密，皮肤疏松的羊毛稀疏而软。不同品种、用途的羊，皮肤差异很大，肉用羊的皮肤大多数薄而疏松；毛用羊的皮肤较厚而紧密；乳用羊的皮肤薄而紧密。同一只羊在身体的不同部位，皮肤厚度也不相同，一般颈部、背部、尾根部的皮肤较厚，肋部、腹部、阴囊基部的皮肤较薄。年龄对皮肤品质也有影响，幼龄羊的皮肤薄、柔软、疏松，老龄羊的皮肤失去了柔软性、弹性和坚实性。

羊被毛的类型很多，大多数绵羊的毛密、长，只有杜泊羊的毛稀而短。毛用绵羊的被毛大体分为粗毛、细毛、半细毛三种类型。羔皮、裘皮用绵羊的被毛则呈不同的颜色、毛穗、花纹。山羊的被毛因用途不同而差异很大，绒用羊在粗毛下着生有浓密的绒毛，羔皮、裘皮用山羊的被毛花纹美丽、花穗独特。乳用山羊的被毛一般较短而稀。

被毛的颜色是羊的品种特征之一，大部分羊的被毛呈白色，也有黑色、灰色、褐色、杂色的品种。羊被毛的颜色与经济效益有关，鉴别时对毛色要求严格，特别是对种公羊的毛色要求应更严格。有的羊品种，在幼年时期毛色尚未固定，羔羊出生时毛色较深，以后随着年龄的增长，毛色逐渐变浅，如卡拉库尔羊的毛色就是如此。

18. 羊的生产性能如何测定？

羊的体重和体尺都是衡量羊生长发育状况的主要指标。体尺测量是以羊的骨骼结构为基础（图3-14），因此测量者应熟练掌握羊的解剖结构，测量时应找到正确的起始部位（图3-15）。

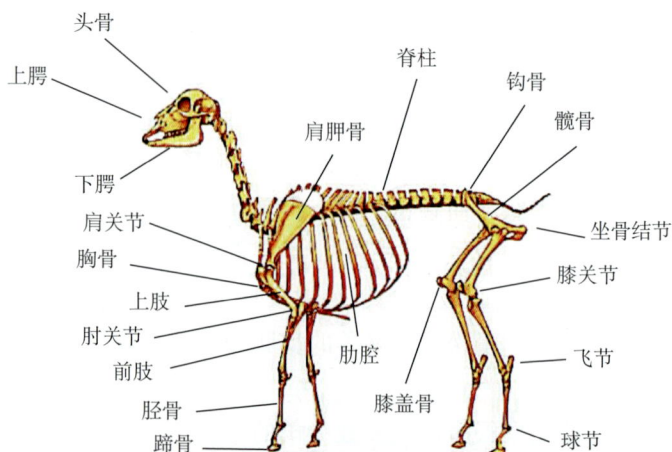

图 3-14　羊的骨骼结构

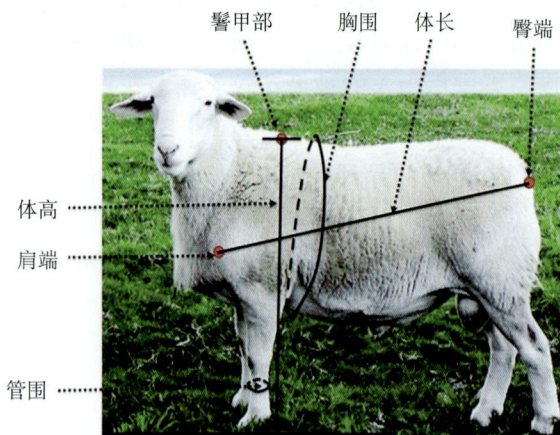

图 3-15　羊的体尺指标

（1）体重　是检查肉羊饲养管理好坏的主要依据，称量体重应在早晨羊处于空腹状态下进行（图 3-16、图 3-17）。称重的具体项目包括羔羊的初生重和断奶重、育成羊配种前体重，以及成年羊的 1 岁重、1.5 岁重、2 岁重、产羔前重、产羔后重、3 岁重、4 岁重等。

若无磅秤，可根据以下公式来估算羊体重：

羊体重＝（胸围^2×体长）/10 815.45

式中，羊体重单位为千克，体长和胸围单位为厘米。

图3-16　磅秤称重

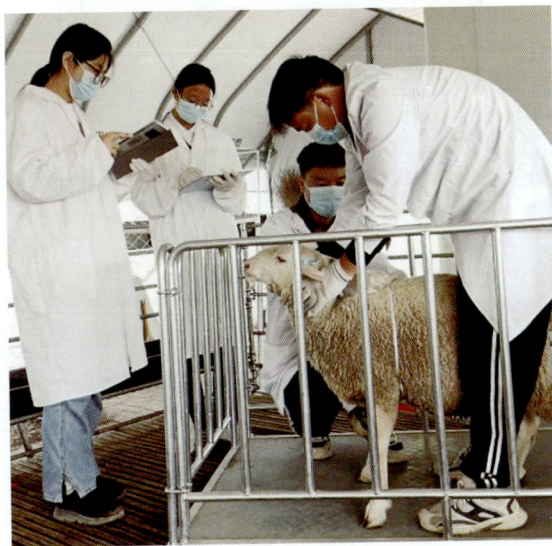

图3-17　自动称重

（2）**体高（鬐甲高）** 即用测杖测量所得的鬐甲最高点至地面的垂直距离。测量时，先使主尺垂直竖立在羊体左前肢附近，再将上端横尺平放于鬐甲的最高点（横尺与主尺须成直角），即可读出主尺上的高度（图3-18）。

（3）**体长（体斜长）** 是肩端前缘到臀端后缘的直线距离。用杖尺和卷尺都可量取，前者得数比后者略小，故在体长数据后应注明所用量具（图3-19）。

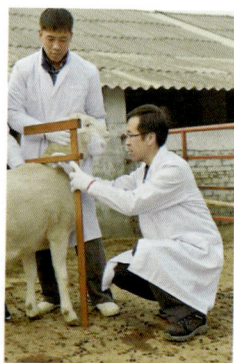

图3-18 体高测定

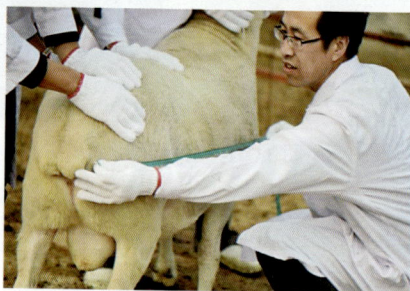

图3-19 体长测定

（4）**胸围** 用卷尺在肩胛后缘处测量所得的胸部垂直周径（图3-20）。

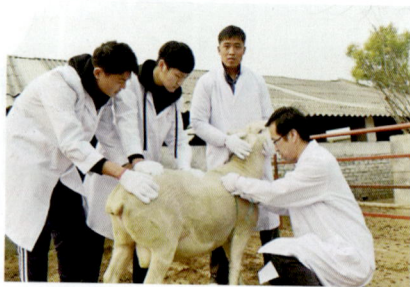

图3-20 胸围测定

（5）**管围**　用卷尺量取的管部最细处的水平周径，其位置一般在掌骨的上1/3处（图3-21）。

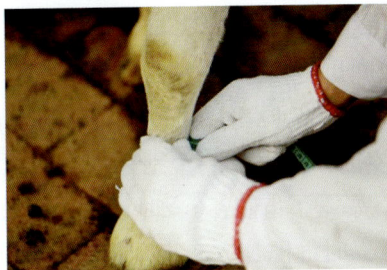

图3-21　管围测定

测量体尺时，羊站立的地面要平坦，不能在斜坡或高低不平的地面上进行测量。羊的站立姿势要保持正确。

19. 如何鉴定羊的年龄？

成年羊共有32枚牙齿，其中上颌有12枚牙齿，每边各6枚，无门齿；下颌有20枚牙齿，其中12枚是白齿，每边各6枚，另外8枚是门齿，也叫切齿。利用牙齿鉴定羊的年龄主要是根据下颌门齿的发生、更换、磨损、脱落情况来判断（图3-22）。

视频2

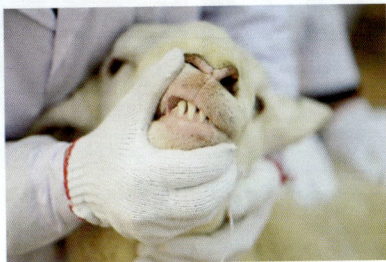

图3-22　通过牙齿鉴定羊的年龄

　　羔羊一出生下颌就长有6枚门齿；约在1月龄，8枚门齿长齐，这种羔羊称"原口"或"乳口"，这时的牙齿为乳白色，比较整齐，形状高而窄，接近长柱形，称为乳齿；1.5岁左右，乳齿齿冠有一定程度的磨损，钳齿脱落，随之在原脱落部位长出第一对永久齿；2岁时中间齿更换，长出第二对永久齿；约在3岁时，第四对乳齿更换为永久齿；4岁时，8枚门齿的咀嚼面磨得较为平直，俗称"齐口"；5岁时，可以见到个别牙齿有明显的齿星，说明齿冠部已基本磨完，暴露了齿髓；6岁时已磨到齿颈部，门齿间出现了明显的缝隙；7岁时缝隙加大，出现露孔现象。为了便于记忆，总结出顺口溜：一岁半，中齿换；到两岁，换两对；两岁半，三对全；满三岁，牙换齐；四磨平；五齿星；六现缝；七露孔；八松动；九掉牙；十磨尽（图3-23、图3-24）。

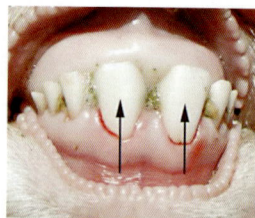

12月龄时有1对永久齿　　2岁时有2对永久齿　　4岁时有4对永久齿（齐口）

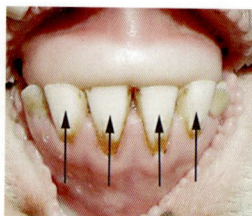

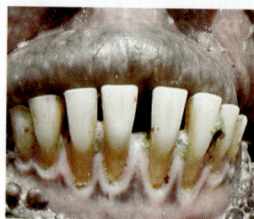

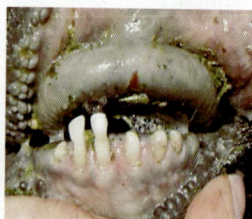

6～8岁时牙缝加宽　　8～12岁时牙齿脱落

图3-23　绵羊牙齿随年龄变化情况

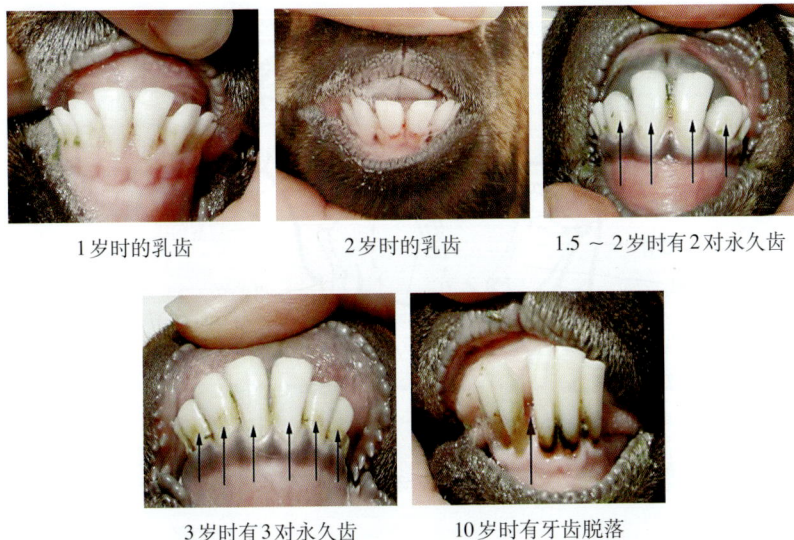

| 1岁时的乳齿 | 2岁时的乳齿 | 1.5～2岁时有2对永久齿 |

| 3岁时有3对永久齿 | 10岁时有牙齿脱落 |

图3-24 山羊牙齿随年龄变化情况

20. 肉羊体型外貌如何评定？

肉羊的体型外貌评定是以品种和肉用类型特征为主要依据。不同用途的羊，体型应符合主生产力方向的要求，如肉羊体型应细致而紧凑。各种用途的羊，体格都要求骨骼坚实，各部连接良好，躯体大。个体过小者应被淘汰。公羊应外表健壮，雄性十足，肌肉丰满。母羊一般体质细腻，头清秀细长，身体各部角度和线条比较清晰。羊体各部位名称如图3-25所示。

（1）整体结构 要求羊的体格大小和体重达到本品种的年（月）龄标准，躯体粗圆，长宽比例协调，各部结合良好；臀、后腿和尾部丰满，其他产肉部位肌肉分布广而多；骨骼较细，皮薄而富有弹性，被毛着生良好且富有光泽；具有本品种的典型特征（图3-26）。

视频3

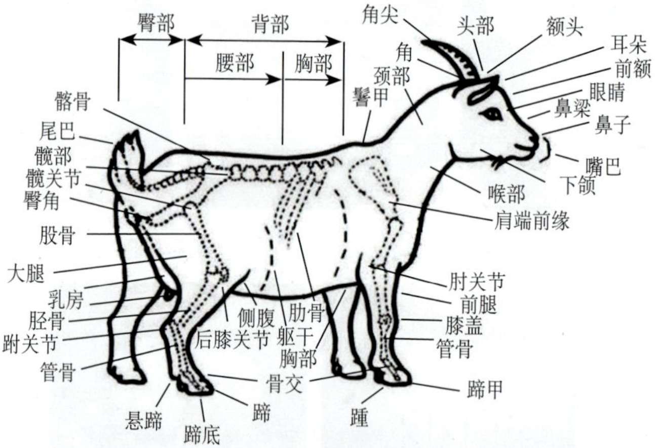

图3-25 羊体各部位名称

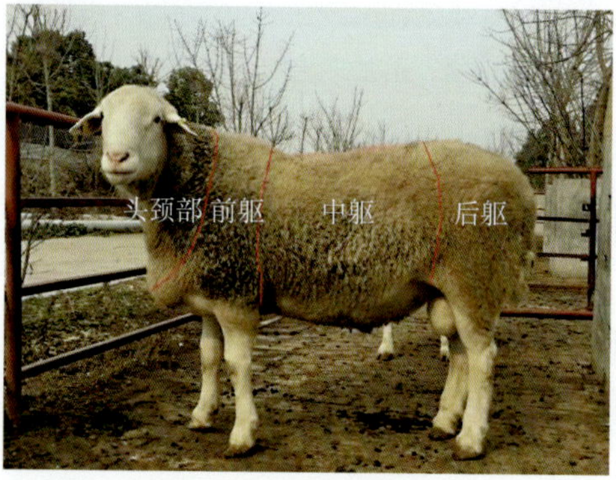

图3-26 羊的整体结构

（2）头、颈部 按品种要求，健康羊应口方、眼大而明亮、头型较大，额宽丰满，耳纤细、灵活，颈部较粗，颈肩结合良好。

（3）前躯 要求肩丰满、紧凑、厚实，前胸宽而丰满；前肢直立结实，腿短且间距宽，管部细致。

（4）中躯 要求正胸宽、深，胸围大；背腰宽而平，长度适中，肌肉丰满；肋骨开张良好，长而紧密；腹底成直线，腰荐结合良好（图3-27）。

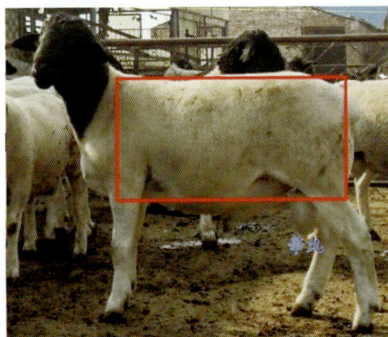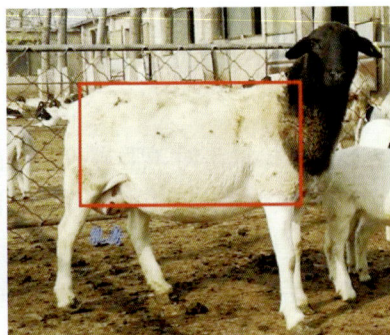

公羊   母羊

图3-27　肉用羊中躯（呈长方形）

（5）**后躯**　要求臀部长、平、宽而开展，大腿肌肉丰满，后裆开阔，小腿肥厚；后肢短、直而细致，肢势端正（图3-28）。

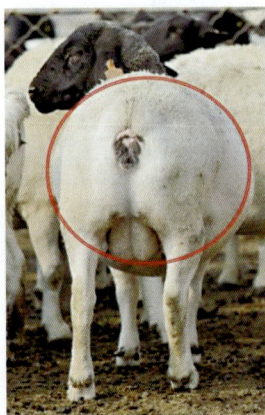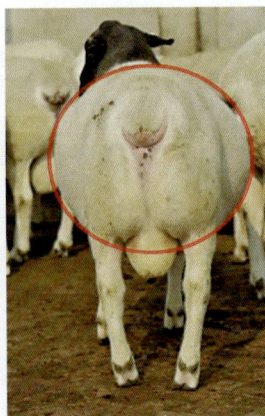

公羊   母羊

图3-28　肉用羊后躯（呈圆形）

（6）**生殖器官与乳房**　要求生殖器官发育正常，无功能障碍；乳房明显，乳头的粗细、长短适中。

21.羊如何编号打耳标？

个体标识是对羊群进行管理的首要步骤。个体标识包括耳标、液氮烙号、条形码、电子耳标（图3-29），目前主要使用耳标标识牌。建议标识牌数字采用10位标识系统，即：2位品种代码+2位出生年后两位数+2位出生月份+4位顺序号，末尾数字为公单母双，其中品种代码采用与羊品种名称（英文名称或汉语拼音）有关的两位大写英文字母组成（图3-30）。某羊场2022年8月出生的第一只公羊，编号如表3-1所示。

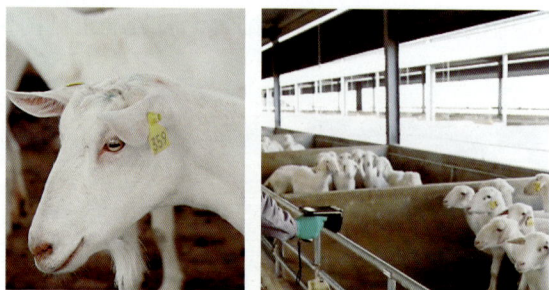

图3-29　电子耳标和手持终端识别器

图3-30　羊耳标标识牌

表3-1　羊耳标编号方法

品种代码		出生年		出生月份		顺序号（末尾数字公单母双）			
X	H	2	2	0	8	0	0	0	1

打耳标时，打孔的部位要用碘酒消毒，操作时避开血管（图3-31）。

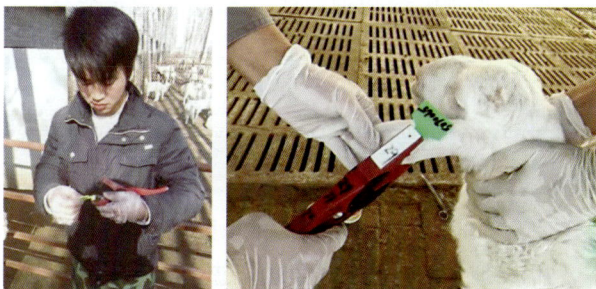

图3-31　打耳标

22. 什么是肉羊经济杂交？

经济杂交也称杂种优势利用，其目的是获得高产、优质、低成本的商品羊。采用不同羊品种或不同品系间进行杂交，可生产出比原有品种、品系更能适应当地环境条件和高产的杂种羊，极大地提高养羊的经济效益。

（1）杂交亲本选择

①母本的选择　在肉羊杂交生产中，应选择在本地区数量多、适应性好的品种或品系作母本。母羊的繁殖力要足够高，产羔数一般应为2只以上，至少应2年3产，羔羊成活率要足够高。此外，母羊还要泌乳力强、母性好。母性强弱关系到杂种羊的成活和发育，影响杂种优势的表现，也与杂交生产成本的控制有直接关系。在不影响生长速度的前提下，母本的体格不一定很大。小尾寒羊、洼地绵羊、湖羊、黄淮山羊、陕南白山羊及贵州白山羊等都是较适宜的杂交母本。

②父本的选择　应选择生长速度快、饲料转化率高、胴体品质好的品种或品系作为杂交父本。萨福克羊、无角陶赛特羊、夏

洛来羊、杜泊羊、特克赛尔羊、德国肉用美利奴羊及波尔山羊、努比亚山羊等都是经过精心培育的专门化品种，遗传性能好，可将优良特性稳定地遗传给杂种后代。若进行三元杂交，第一父本不仅要生长快，还要繁殖率高。选择第二父本时主要考虑生长快、产肉力强。

（2）经济杂交的主要方式　经济杂交的方式主要有二元杂交、三元杂交和双杂交。

①二元杂交　是两个羊品种或品系间的杂交。一般是用肉种羊作父本，用本地羊作母本，F_1代通过育肥全部用于商品生产。二元杂交的杂种后代可吸收父本个体大、生长发育快、肉质好和母本适应性好的优点，方法简单易行，应用广泛，但母系杂种优势没有得到充分利用。

②三元杂交　是以本地羊作母本，选择肉用性能好的肉羊作第一父本，进行第一轮杂交，生产体格大、繁殖力强、泌乳性能好的F_1代母羊，作为生产羔羊的母本，F_1代公羊则直接育肥。再选择体格大、早期生长快、瘦肉率高的肉羊品种作为第二父本（终端父本），与F_1代母羊进行第二轮杂交，所产F_2代羔羊全部肉用。三元杂交的效果一般优于二元杂交，既可利用子代的杂交优势，又可利用母本的杂交优势，但繁育体系相对复杂。

③双杂交　是指四个品种先两两杂交，杂种羊再相互进行杂交。双杂交的优点是杂种优势明显，杂种羊具有生长速度快、繁殖力高、饲料转化率高的优点，但繁育体系更为复杂，投资较大。

（3）常见绵羊杂交组合　肉羊二元杂交组合常见的有萨寒杂交组合、白寒杂交组合、陶寒杂交组合、夏寒杂交组合等。三元杂交组合有特陶寒杂交组合、南夏考杂交组合、南夏土杂交组合等。

萨寒杂交组合是以萨福克羊为父本、小尾寒羊为母本进行二元杂交，羔羊初生重4.25千克，0～3月龄日增重271.11克，3～6

月龄日增重200.00克，6月龄体重46.86千克。白寒杂交组合是以白头萨福克羊为父本、小尾寒羊为母本进行二元杂交，羔羊初生重可达4.16千克，0～3月龄日增重280.00克，3～6月龄日增重203.33克，6月龄体重47.39千克，白寒杂交组合的羔羊初生重较小，但生长速度超过萨寒组合。陶寒杂交组合是以无角陶赛特羊为父本、小尾寒羊为母本进行二元杂交，羔羊初生重3.72千克，4月龄体重23.77千克，6月龄体重30.54千克。夏寒杂交组合是以夏洛来羊为父本、小尾寒羊为母本进行二元杂交，羔羊初生重4.76千克，4月龄体重22.82千克，6月龄体重28.28千克。夏寒杂交F_1代母羊繁殖指数的杂种优势率为11.20%。杜寒杂交组合是以杜泊羊为父本、小尾寒羊为母本进行二元杂交，羔羊初生重3.88千克，3月龄体重24.6千克，6月龄体重51.0千克，0～3月龄日增重230克，3～6月龄日增重293克。杜寒杂交羊如图3-32所示。

图3-32　杜寒杂交羊

特陶寒杂交组合　是先以无角陶赛特羊与小尾寒羊进行二元杂交，F_1代母羊再与特克赛尔公羊杂交，羔羊初生重3.74千克，3月龄体重20.63千克，6月龄体重29.91千克，0～3月龄日增重207.86克。南夏考杂交组合是先以夏洛来羊与考力代羊进行二元杂交，F_1代母羊再与南非肉用美利奴公羊杂交，羔羊初生重4.65

千克，100 日龄断奶体重 22.35 千克，0 ～ 100 日龄日增重 176 克，100 日龄断奶至 6 月龄日增重 80.10 克。南夏土杂交组合是先以夏洛来羊与山西本地土种羊进行二元杂交，F_1 代母羊再与南非肉用美利奴公羊杂交，羔羊初生重 4.05 千克，100 日龄断奶体重 16.30 千克，0 ～ 100 日龄日增重 122 克，100 日龄断奶至 6 月龄日增重 51.73 克。该组合是山西等地重要的杂交组合类型。陶夏寒杂交组合是先以夏洛来羊与小尾寒羊进行二元杂交，F_1 代母羊再与无角陶赛特公羊杂交，3 月龄杂种羔羊体重 29.97 千克，6 月龄杂种羔羊体重 44.98 千克，0 ～ 6 月龄日增重 165.71 克。萨夏寒杂交组合是先以夏洛来羊与小尾寒羊进行二元杂交，F_1 代母羊再与萨福克公羊杂交，3 月龄杂种羔羊体重 27.21 千克，6 月龄杂种羔羊体重 42.59 千克，0 ～ 6 月龄日增重 166.31 克。德夏寒杂交组合是先以夏洛来羊为父本与小尾寒羊进行二元杂交，F_1 代母羊再与德国肉用美利奴公羊杂交，3 月龄杂种羔羊体重 32.63 千克，6 月龄杂种羔羊体重 53.19 千克，0 ～ 6 月龄日增重 223.48 克。

（4）常见山羊杂交组合　二元杂交有波鲁杂交组合、波宜杂交组合、波黄杂交组合等；三元杂交有波努马杂交组合和波奶陕杂交组合。

波鲁杂交组合是以波尔山羊公羊与鲁北白山羊母羊进行杂交，F_1 代 6 月龄、12 月龄体重分别为 35.85、59.05 千克，分别较鲁北白山羊提高 25.57%、14.00%。波宜杂交组合是以波尔山羊公羊与宜昌白山羊母羊进行杂交，F_1 代羔羊初生重、2 月龄断奶重、8 月龄体重分别为 2.82、12.08、25.43 千克，分别较宜昌白山羊提高 51.96%、30.59%、83.61%；屠宰率（47.26%）比宜昌白山羊高 6.67 个百分点。波黄杂交组合是以波尔山羊公羊与黄淮山羊母羊进行杂交，F_1 代初生重、3 月龄体重、6 月龄体重、9 月龄体重分别达 2.89、16.31、21.59、43.85 千克，分别比黄淮山羊提高 69.50%、105.93%、41.76%、138.44%。波南杂交组合是以波尔山羊公羊与南江黄羊母羊进行杂交，F_1代公、母羊的初生重分别为2.67、2.44千克，2月龄体重分别为10.69、9.10千克，8月龄体重分别为22.56、20.84千克，杂种羊从出生到周岁的体重比南江黄羊高30%以上。波长杂交组合是以波尔山羊与长江三角洲白山羊进行杂交，F_1代初生重、断奶重、周岁体重分别为2.50、11.18、22.11千克，比长江三角洲白山羊分别提高72.60%、83.58%、42.11%；周岁羯羊胴体重可达14.37千克，屠宰率为54.35%，比长江三角洲白山羊分别提高7.20千克、12.95%；初生重和产羔率的杂种优势率分别为10.13%、12.8%。波简杂交组合是以波尔山羊公羊与简阳大耳羊母羊进行杂交，F_1代初生重、2月龄体重、6月龄体重、12月龄体重分别达3.59、15.58、28.15、38.94千克，分别比简阳大耳羊提高52.44%、41.06%、44.41%、30.34%。

波努马杂交组合是先以努比亚山羊公羊与马头山羊母羊进行杂交，F_1代母羊再与波尔山羊公羊杂交，F_2代初生重、3月龄体重、6月龄体重、9月龄体重、12月龄体重分别为3.0、12.0、22.0、27.9、34.0千克，分别比马头山羊提高71.4%、0、25.0%、22.2%、21.4%。波奶陕杂交组合是先以关中奶山羊公羊与陕南白山羊进行杂交，F_1代母羊再与波尔山羊公羊杂交。波奶陕、波陕、奶陕、陕南白山羊羔羊的初生重分别为3.63、3.07、2.45、2.18千克，3月龄体重分别达19.46、16.60、15.19、14.40千克，6月龄体重分别为32.30、27.45、21.35、19.50千克。

（5）应注意的问题　从杂交试验结果看，萨福克羊、无角陶赛特羊、德国肉用美利奴羊、夏洛来羊、特克赛尔羊、杜泊羊、波尔山羊、努比亚山羊等引进肉羊品种对我国地方羊种的改良作用很明显，但在进行经济杂交中应注意以下问题：

一是杂种优势与性状的遗传力有关。一般认为低遗传力性状的杂种优势高，而高遗传力性状的杂种优势低。繁殖力的遗传力在0.1～0.2，杂种优势率可达15%～20%；肥育性状的遗传力在

0.2 ～ 0.4，杂种优势率为10%～ 15%；胴体品质性状的遗传力在0.3 ～ 0.6，杂种优势率仅为5%左右。

二是一般 F₁ 代的杂种优势率最高，随杂交代数的增加，杂种优势逐渐降低，且有产羔率降低、产羔间隔变长的趋势。因此，不应无限制级进杂交。引进肉用绵羊品种较多时，可以多品种杂交替代单品种级进杂交；引进肉用山羊品种相对较少时，可适当进行级进杂交，但不宜超过两代。在肉用山羊生产中，除积极培育新品种外，还可加强努比亚山羊的利用。

三是应注意综合评价改良效果，不可单以增重速度来衡量。母羊的生产指数综合了增重速度和繁殖力的总体效应，是比较适宜的杂交效果评价指标。杂交对于山羊板皮可能产生不利影响，应引起足够的重视。

四是选择适宜杂交组合的同时，注意改善饲养管理。优良的遗传潜力只有在良好营养的基础上才能充分发挥。国外肉羊品种繁殖能力受营养条件影响较大，如杜泊羊、德国肉用美利奴羊的产羔率随营养水平不同在100%～ 250%范围内变动。波尔山羊也有类似的现象。

23. 什么是肉羊本品种选育？

本品种选育是指以保持和发展品种固有优势为目标，在本品种内通过选种、选配、品系繁育、改善培育条件等基本措施，来提高品种性能的一种育种方法。

肉羊本品种选育要求：①品种普查，摸清品种分布区域及其自然生态条件、社会经济条件及产区群众养羊习惯，掌握羊群数量和质量消长情况及分布特点，根据品种现状，制定品种标准。②制定本品种资源的保存和利用规划，提出选育目标，保持和发展品种固有的经济类型和独特优势，根据品种普查状况，确定重点选育性状和选育指标。③划定选育基地，建立良种繁殖体系，以品种的中心产区为基地，在选育基地范围内，逐步建立育种场和良种繁殖场，建立健全良种繁殖体系，使良种数量不断扩大，质量不断提高。④严格执行选育技术措施，定期进行性能测定。⑤开展品系繁育，全面提高品种质量。⑥加强组织领导，充分调动群众选育工作的积极性，建立育种协作组织，制定选育方案，定期进行种羊鉴定，广泛开展良种登记和评定交流活动，积极推进本品种选育工作。

肉羊本品种选育的关键是品系繁育。品系是由品种内具有共同特点、彼此间有亲缘关系的个体组成的遗传性稳定的群体，是品种内部的结构单位。品系繁育是现代家畜育种中一种高级育种技术，一个品种内品系越多，其遗传基础就越丰富，通过品系繁育，品种整体质量就会不断得到提高。品系培育不仅是为了建立品系，更重要的是利用品系，其作用是促进新品种的育成、加快现有品种的改良、充分利用杂种优势。品系繁育大致可分为三个阶段：

（1）**组建品系基础群阶段**　根据育种目的，选择品种内具有符合需求特点的个体，组建品系繁育基础羊群。例如，在毛用羊的育种中，可考虑建立高产毛量系、高净毛量系、毛长系、毛密系、高产绒量系、体大系、高繁殖力系等。组建品系时，可按两种方式进行，一是按表型特征组群，这种方法简便易行，不考虑个体间的血缘关系，只要将具有符合拟建品系要求的个体组成群体即可，在育种和生产实践中，对于有中、高度遗传力的性状，多数采用这种方法建立品系。二是按血缘关系组群，对选中个体逐一清查系谱，将有一定血缘关系的个体按拟建品系的要求组群，这种品系对于遗传力低的性状，如繁殖力、肉品质特性等有较好效果。

（2）**闭锁繁育阶段**　品系基础群组建后，用选中的系内公羊

（又叫系祖）和母羊进行"品系内繁育"，或者说将品系群体"封闭"起来进行繁育。在这个阶段应注意以下几个方面的问题：①按血缘关系建品系的封闭繁育，应尽量利用遗传稳定的优秀公羊作系祖；注意选择和培养具有系祖特点的后代作为系祖的接班羊。按表型特征组建成的品系，早期应对所用公羊进行后裔测验，发现和培养优秀系祖，系祖一经确定，就要尽量扩大它的利用率。优秀系祖的选定和利用，往往是品系繁育能否成功的关键。②及时淘汰不符合要求的个体，始终保持品系同一性。③封闭繁育到一定阶段，必然出现近亲繁殖现象，特别是按血缘组建的品系，一开始实行的就是近交。因此，控制近交是十分必要的。开始阶段可采用父－女，母－子等嫡亲交配，逐代疏远，最后将近交系数控制在20%左右。采用随机交配时，可通过控制公羊数量来掌握近交程度。④必要时进行血液更新。血液更新是指把遗传性和生产性能一致、非近交的同品系种羊引入闭锁羊群，这样的公、母羊属于同一品系，仍是纯种繁育。血液更新主要是在闭锁羊群中，由于羊的数量较少而存在近交的不良后果时，或者是新引进的品种改变环境后，生产性能降低时，再者是羊群质量达到一定水平，生产性能及适应性等方面呈现停滞状态时使用。

（3）品系间杂交阶段　当各品系繁育到一定程度，所需的优良性状、遗传特性达到一定稳定程度后，便可按育种目标及需要，开展品系间杂交，将各品系优点集合起来，提高品种的整体品质。例如，用高产毛量品系与毛长品系杂交，就会将这两个性状固定于群体中。但是，在进行品系间杂交后，还应根据羊群中出现的新特点和育种的要求创建新的品系，再进行品系繁育，不断提高品种水平。

　　例如，南江黄羊是四川省培育成功的我国第一个肉用山羊新品种，在品种培育前期和中期阶段，选育工作比较粗糙，因而进展缓慢，为了提高羊群品质和加快培育速度，20世纪80年代后期开始建立了体大系、高繁殖力系和早熟系等品系，分别进行品系繁育。经过近十年的努力，终于成功地培育出了具有体格高大、繁殖力高、生长发育快、产肉性能好和适应性强的新型肉用山羊品种——南江黄羊。

24. 种羊的引种注意事项有哪些？

引种时要注意地点的选择，一般要到该品种的主产地去选择种羊。引种前要根据引入地的饲养条件和引入品种的生产要求做好充分准备。

（1）做好引种前的准备 应准备好圈舍（图3-33）、围栏、采食、饮水、卫生维护等基础设施，饲养设备应做好清洗、消毒，同时备足饲料和常用药物。如果两地气候差异较大，则要充分做好防寒保暖工作，减小环境应激，使引入品种能逐渐适应气候的变化。同时饲养和技术人员也应做好准备。

图3-33 圈舍准备

（2）做到引种程序规范，技术资料齐全 检查种羊的耳标信息，保证引进健康、适龄的种羊（图3-34）。检查供种场的种畜禽生产许可证、种羊合格证及种羊档案卡，三者应齐全（图3-35、图3-36）。

图3-34　检查种羊耳标信息

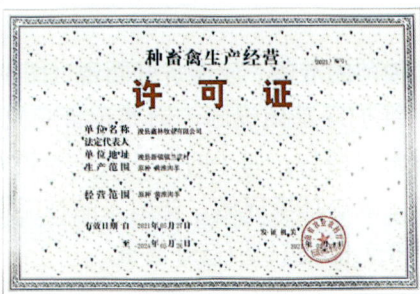

图3-35　检查种畜禽生产经营许可证

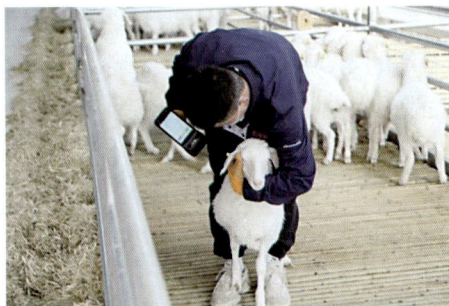

图3-36　检查种羊档案卡

（3）**确定适宜的引种时间** 引种最适季节为春秋两季，因为春秋季节气温适宜；华南、华中地区在冬季也可引种，但要注意提供保温设备。

（4）**保证运输安全** 种羊装车前对车辆进行消毒（图3-37），装车不要太拥挤（图3-38），定期停车检查羊群（图3-39），趴下的羊要及时拉起，防止其被其他羊踩、压，特别是在山地运输时更要注意观察。

图3-37　车辆消毒

图3-38　种羊装车

图3-39　种羊运输途中的停车检查

（5）隔离　引入品种必须单独隔离饲养。一般种羊引进后应隔离饲养2周，大群引种时则需要隔离观察1个月，经观察确认无病后方可入场。有条件的羊场可及时对引入品种进行重要疫病的检测。

25. 基因组选择在羊育种中如何应用？

全基因选择方法的原理是利用覆盖整个基因组的单核苷酸多态性（single nucleotide polymorphism，SNP）标记将染色体分成若干个片段，然后通过标记基因型，结合表型性状及系谱信息分别估计每个染色体片段的效应，最后利用个体携带的标记信息对其未知的表型信息进行预测，即将个体携带的染色体片段的效应累加起来，进而估计基因组育种值（genomic estinated breeding value，GEBV），从而进行选择。应用在全基因组选择中的相关统计方法大体可以分为直接法和间接法两类：第一类是根据等位基因的效应值来间接预测基因组育种值，第二类是利用基因遗传关系矩阵直接预测GEBV，通过采用高通量标记构建个体间的遗传关系矩阵，然后用线性模型来预测育种值。

随着生物信息技术的发展，绵羊和山羊的基因组信息不断完善，推动了不同密度SNP芯片的生产和应用（图3-40）。根据用途，羊可以分为肉用、奶用、毛用、皮用以及肉毛、肉奶兼用等品种，由于不同品种和用途的羊其育种规划不尽相同，在羊50K芯片出现后，在羊上的基因组选择也不断发展（图3-41、图3-42）。在奶山羊中，对产奶量、乳蛋白率、乳蛋白量、乳脂率、乳脂量、体细胞评分和乳腺类型进行基因组评价；在毛用羊中，对羊毛重量、羊毛质量、纤维直径、纤维强度等毛用性状进行GEBV估计；在肉用羊中，对适应性、繁殖力、生长速度、胴体品质等肉用性状进行评价和筛选。

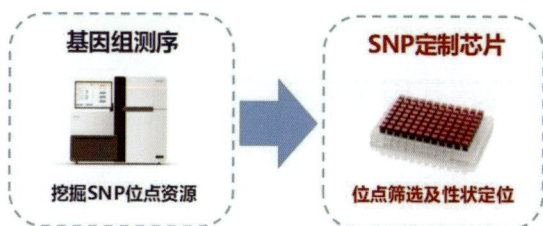

图3-40　SNP芯片

图3-41　Illuminaiscan基因芯片系统

图3-42　Thermo Fisher 基因芯片平台

最佳线性无偏预测（best linear unbiased prediction，BLUP）法和分子标记辅助选择技术已广泛应用于羊育种实践中，国内多个团队已开始组建基因组选择参考群体。组装了湖羊的高质量参考基因组，构建了高分辨率的地方绵羊全基因组遗传变异图谱，鉴定了一系列重要经济性状主效基因（图3-43）。

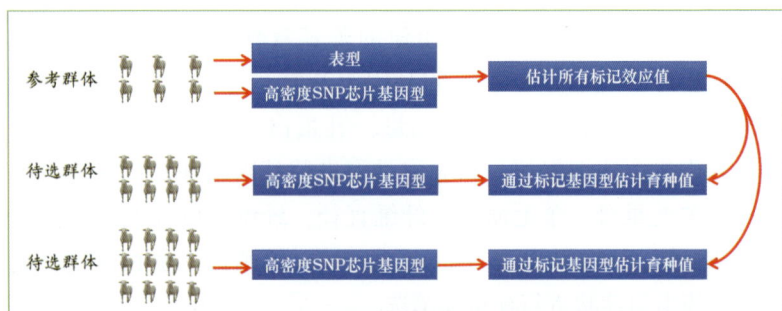

图3-43　羊全基因组选择育种技术路线

26. 什么是转基因羊？

（1）转基因羊定义　导入目标基因（如可促进生长发育、抗病的基因或有药用价值的人类基因），使这些外来基因稳定地整合到受体羊的染色体中，并稳定地遗传给后代，这种整合外源基因的羊称为转基因羊（图3-44）。

图3-44　人 α-乳白蛋白转基因克隆奶山羊

（2）常见转基因方法　常见转基因方法有直接注射法、磷酸钙共沉淀法、脂质体转染法等。直接注射法是将含有DNA的溶液直接注射到肌肉内，以引起邻近的细胞表达，在肌细胞中，基因表达可持续数月；磷酸钙共沉淀法是将氯化钙、DNA和磷酸盐缓冲液混合，形成磷酸钙微沉淀，附着于细胞膜并经过细胞内吞作用进入细胞质；脂质体转染法是指通过脂质体在体内或体外提供运载外源性遗传物质进入细胞的载体；显微注射法是在显微镜下，将DNA经同细胞玻璃针直接注入细胞（图3-45）；胚胎干细胞法是指从受精卵开始分裂至4个细胞阶段的未分化且具有多种潜能的生殖细胞。它能在体外进行培养，可作为靶细胞用于制备转基因动物，以研究基因定向整合或基因剔除等；精子载体法是将精子和NDA制剂进行孵育，能够捕获DNA。在受精过程中，外源性基因可被导入受精卵，这种方法大大简化了转基因动物的制备过程。

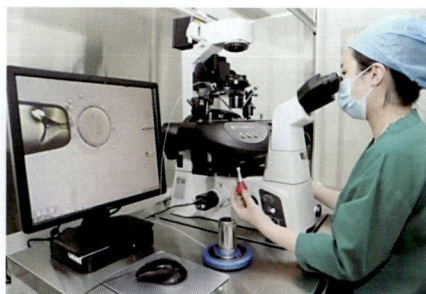

图3-45　显微注射法

（3）转基因羊的应用　随着基因组编辑技术开始用于动物基因组遗传修饰改造，转基因技术被誉为动物遗传改造的一项革命性技术（图3-46）。随着这项新技术的建立和发展，转基因动物的应用已由基础生物学研究、人类疾病模型建立向异种器官移植、制药和动物遗传育种等领域拓展。

图 3-46　新疆畜牧科学院的基因编辑羊

27. 什么是智能化育种?

随着自然物种进化与人类科技进步,农业育种经历了原始育种、传统育种和分子育种三个阶段的跨越,形成了具有典型时代特征的各种技术版本,即从最初人工驯化 1.0 版和杂交育种 2.0 版,逐步迭代升级到分子育种时代的转基因育种 3.0 版和智能设计育种 4.0 版。智能化育种是依托人工智能、基因组测序、基因编辑等相关技术,实现家畜组学基因型与表型大数据的快速积累,通过遗传变异等数据的整合,实现家畜性状调控基因的快速挖掘与表型的精准预测,通过人工改造基因元器件与人工合成基因回路,使家畜具备新的、优质的等生物学性状,并通过在全基因组层面上建立机器学习预测模型(图 3-47),创建智能组合优良等位基因的自然变异、人工变异、数量性状位点的育种设计方案,最终实现智能、高效、定向培育新品种(图 3-48、图 3-49)。

目前智能化育种在作物中应用广泛。羊的智能化育种主要包括种畜禽养殖信息采集、种畜禽信息采集、遗传评估及育种方案评价等模块。畜禽养殖信息采集主要是指获取精确的各种养殖场的空间位置信息以及准确的养殖场圈舍数量、面积、养殖规模等相关数据；种畜禽信息主要包括基本信息、遗传信息、生长发育信息、疫病防治信息、繁殖信息和饲养管理信息等；遗传评估方法包括最大似然法（maximum likelihood，ML）、约束最大似然法（restricted maximum likelihood，REML）、最佳线性无偏估计法（BLUP）等，利用育种值估计方法和畜禽遗传评估系统进行遗传评估，最终给出育种设计方案（图3-50至图3-52）。

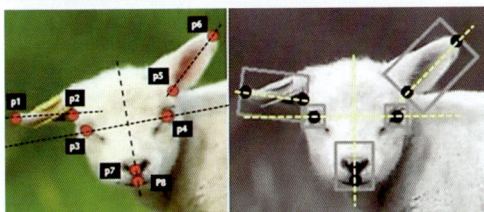

图3-47　羊脸识别

图3-48　自动化生产性能测定和智能分栏

图3-49　基因编辑的短尾细毛羊（左）和野生型长尾细毛羊（右）新品种

图3-50　羊智能信息采集

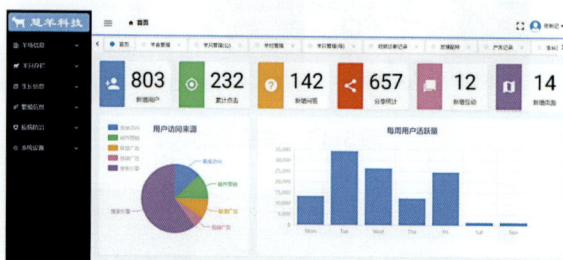

图3-51　羊信息化管理系统

图3-52　种羊信息系统

四、羊的繁殖技术

28. 如何评定羊的繁殖力？

繁育过程的评价指标很多，包括后备羊培育、成年母羊分娩再孕、羔羊成活、母羊受胎、流产等环节的指标，以及公羊繁殖性能的指标。羊的繁殖指标包括初情期、性成熟年龄、初配月龄、产羔率、发情周期、妊娠期、利用年限等，最终体现为每只母羊年提供断奶羔羊数（LEY）。

在饲养环境条件较好的地区，如河南、山东、四川等中部地区，绵羊、山羊的产羔率通常在200%～300%，达到2年3产，每只母羊年提供断奶羔羊数超过3只；在西藏、内蒙古等地，因气候环境原因，绵山羊产羔率多为70%左右，且为1年1产，每只母羊年提供断奶羔羊数不超过0.7只。目前国内多胎绵羊品种主要有小尾寒羊和湖羊，小尾寒羊的繁殖率最高，达到270%，可实现2年3产。山羊中，槐山羊、南江黄羊、马头山羊的繁殖率高，最高可达300%，绵羊、山羊的繁殖年限均为5～8年。

29. 如何规划羊群的繁殖？

（1）配种计划　正常情况下，母羊妊娠期为150～152天，产后45天断奶，在这45天内完成配种，即约180天为一个繁殖周期。以5 000只繁殖母羊的规模羊场为例，每年需更新20%的母羊，即1 000只。如果每年有10个月配种时间，每月补充青年母羊100只，再加上断奶母羊700只，则每月配种母羊数为800只，按照每个月4周计算，即每周配种母羊数为200只。

（2）羔羊断奶计划　按照产羔率160%、羔羊断奶成活率90%、羔羊45日龄断奶计算，5 000只繁殖母羊，每年提供的断奶羔羊数为10 000只左右。

（3）出栏计划　按照出栏率98%、育肥时间100～150天、出栏羊中1 000只作为后备母羊、1 000只淘汰母羊直接进行育肥计算，该羊场的繁殖出栏情况如表4-1所示。

表4-1　5 000只繁殖母羊规模羊场的繁殖出栏情况（只）

月份	存栏母羊数	配种母羊数	产羔母羊数	产羔数	断奶羔羊数	出栏数
1月	5 000	800	0	0	1 008	988
2月	5 000	800	0	0	504	988
3月	5 000	800	700	1 120	0	988
4月	5 000	800	700	1 120	504	988
5月	5 000	800	700	1 120	1 008	988
6月	5 000	800	700	1 120	1 008	494
7月	5 000	800	700	1 120	1 008	0
8月	5 000	0	700	1 120	1 008	494
9月	5 000	0	700	1 120	1 008	988
10月	5 000	800	700	1 120	1 008	988
11月	5 000	800	700	1 120	1 008	988
12月	5 000	800	700	1 120	1 008	988
合计	5 000	8 000	7 000	11 200	10 080	9 878

母羊的繁殖周期按照生产阶段分为配种期（1个月）、妊娠期（4.5个月）、分娩期（0.5个月）和哺乳期（1.5个月），每个时期对应不同的生产管理方式和圈舍（图4-1），母羊需要在不同时期进行周转（图4-2）。

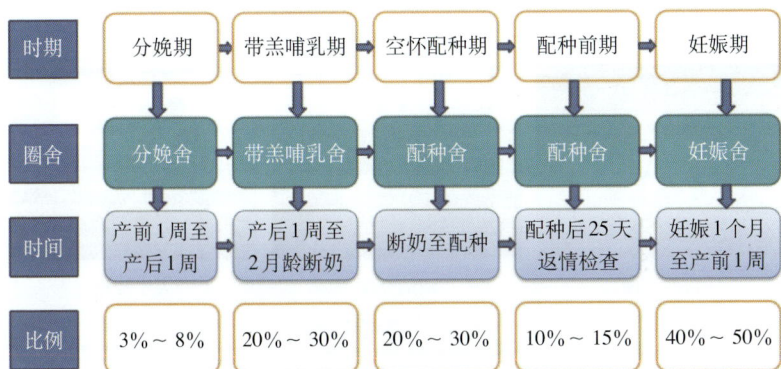

时期	分娩期	带羔哺乳期	空怀配种期	配种前期	妊娠期
圈舍	分娩舍	带羔哺乳舍	配种舍	配种舍	妊娠舍
时间	产前1周至产后1周	产后1周至2月龄断奶	断奶至配种	配种后25天返情检查	妊娠1个月至产前1周
比例	3%～8%	20%～30%	20%～30%	10%～15%	40%～50%

图4-1　基础母羊繁殖周期划分及其对应的圈舍

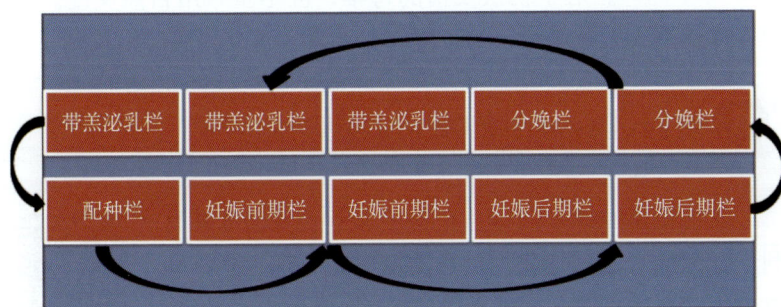

图4-2　基础母羊繁殖周转流程

30. 羊的繁殖方式有哪些？

羊的繁殖方式有自然交配、辅助交配和人工授精（图4-3），采用哪种繁殖方式要结合品种、养殖规模而定。

如果是家庭小规模养殖，饲养羊的数量在100只以内，则可采用自然交配的方式，公、母比例为1：（20～30）；如果种公羊和母羊的体格、体重差异过大，难以完成自然交配时，可采用辅助交配的方式；如果是采用"公司+农户"的模式养羊，或计划利用优良种公羊，则可控制母羊同期发情，进行集中人工授精。

自然交配　　　　　　　　辅助交配　　　　　　　　人工授精

图4-3　繁殖方式

规模羊场可采用人工授精进行繁殖，公、母比例在1：（500～1 000）。对于初次发情的母羊，应尽量采用自然交配。利用冷冻精液人工授精时，为了提高受胎率，可使用腹腔镜输精。

31. 如何进行母羊的发情鉴定？

发情是指性成熟的母畜在特定季节表现出来的有利于交配的一系列变化。母畜发情时的表现包括：卵巢上的卵泡迅速发育、成熟和排卵；子宫充血、肿胀，生殖道分泌增强，阴道上皮角质化、充血、分泌物增多；精神兴奋不安；食欲下降，泌乳减少，离群，追爬其他家畜，外阴红肿并流出分泌物。绵羊发情持续期为24～36小时，山羊为40小时左右。排卵时间在发情结束时。母羊发情主要表现咩叫、追逐公羊，有的母羊会爬跨其他母羊，但发情征兆不明显。山羊发情时，尾巴直立，不停摇晃；绵羊发情时外阴明显红肿（图4-4）。

视频4

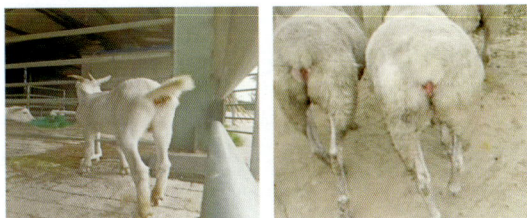

山羊发情表现　　　　　　　　绵羊发情表现

图 4-4　母羊发情表现

　　用公羊对母羊进行试情时，可根据母羊对公羊的行为反应，结合外部观察来判定母羊是否发情（图4-5）。试情公羊要求性欲旺盛、营养良好、健康无病，一般每100只母羊配备试情公羊2～3只。试情公羊需做输精管切断手术或戴试情布。试情布一般宽35厘米，长40厘米，在四角扎上带子，系在试情公羊腹部。然后把试情公羊放入母羊群，如果母羊已发情，便会接受试情公羊的爬跨（图4-6）。发现母羊发情4～8小时后进行第一次授精，间隔12小时进行第二次授精。

图 4-5　公羊试情

图 4-6　发情母羊接受公羊爬跨

32. 如何进行母羊同期发情？

同期发情又称同步发情，就是利用某些激素人为地控制和调整母羊的发情周期，使其在预定时间内集中发情。目前常用控制母羊同期发情的方法有孕激素阴道栓+孕马血清法或前列腺素处理法。

（1）**孕激素阴道栓+孕马血清法**　将乳剂或其他剂型的孕激素按剂量制成悬浮液，然后用泡沫海绵浸取一定量悬浮液，制成海绵栓。或用尼龙细线将表面敷有硅橡胶、其中包含一定量孕激素制剂的硅橡胶环构成的阴道栓连接起来，塞进阴道深处子宫颈外口，尼龙细线的另一端留在阴户外，以使停药时拉出阴道栓（图4-7、图4-8）。阴道栓一般在12～16天后取出（图4-9），也可施以9～12天的短期处理或16～18天的长期处理。但孕激素处理时间过长，对受胎率会有一定影响。为了提高母羊同期发情率，在取出阴道栓的当天可以给母羊肌内注射孕马血清400～750国际单位和0.1毫克氯前列烯醇。撤栓后第二天开始用试情公羊查情，发现母羊发情的4～8小时后进行第一次授精，间隔12小时进行第二次授精。

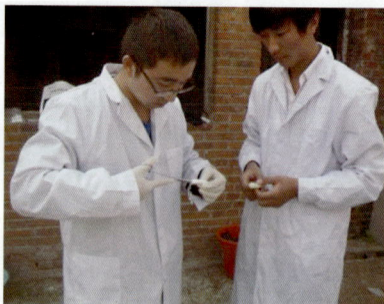

图4-7　用镊子夹住阴道栓，前端涂抹润滑剂

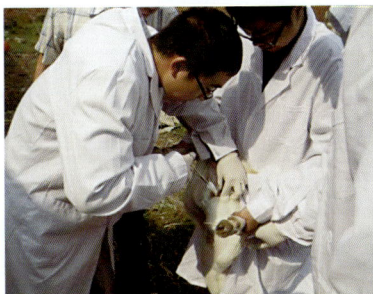

图4-8　放栓

图4-9　撤栓

（2）前列腺素处理法　可分为一次处理法和二次处理法。在母羊发情后的数天内向子宫内灌注或肌内注射氯前列烯醇，可以使母羊发情高度同期化。但注射一次，仅可使60%～70%的母羊同期发情，所以一般采取二次处理法，与第一次注射相隔8～9天，可使母羊的同期发情率达到90%以上。由于前列腺素可引起妊娠母羊流产，所以在使用前应认真对母羊进行妊娠检查。

33.公羊如何采精？

采精过程要做到：①全量，即收集到全部的一次射精量；②原质，即采集到的精液，品质不能发生改变；③简便，即整个采精操作过程要求尽量简单；④无损伤，即既不能造成公羊的损伤，也不能造成精子的损伤。羊从阴茎勃起到射精只有很短的时间，所以要求操作人员应动作敏捷、准确。

采精前，将台羊进行人为保定，抓住台羊的头部，不让其活动。如用采精架保定，则将台羊牵入采精架内，并将其颈部固定在采精架上（图4-10）。

然后，将种公羊牵到采精室内，对公羊的生殖器官进行清洗消毒，尤其要将包皮部分进行彻底的清洗消毒（图4-11）。

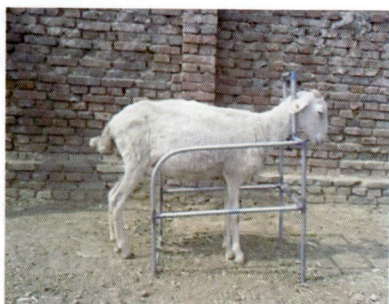

图4-10　台羊的保定

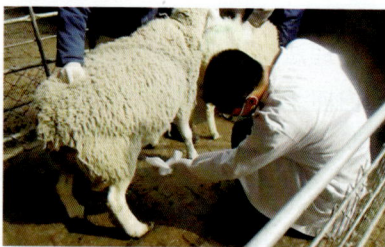

图4-11　种公羊生殖器官清洗消毒

采精时，将种公羊牵到台羊旁，采精员应蹲在台羊的右后侧，手持假阴道，随时准备将假阴道固定在台羊的尻部（图4-12）。

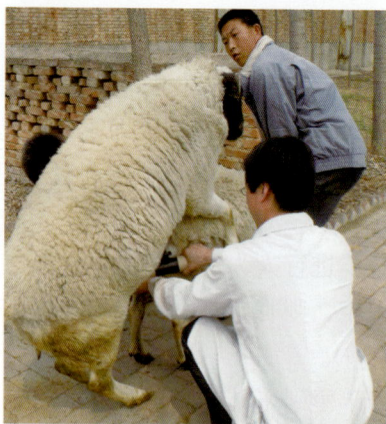

图4-12　采精人员的准备

当公羊的阴茎伸出并跃上台羊后，采精员手持假阴道，迅速将假阴道筒口向下倾斜，与公羊阴茎伸出方向成一直线，用左手在包皮开口的后方，掌心向上托住包皮（切不可用手抓握阴茎，否则会使阴茎缩回）。然后将阴茎拨向右侧导入假阴道内（图4-13）。当公羊用力向前一冲后，即表示射精完毕。

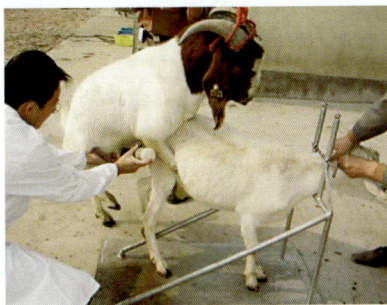

图4-13　假阴道法采精

公羊射精后，采精员使假阴道的集精杯一端略向下倾斜，以便精液流入集精杯中。当公羊跳下时，假阴道应随着阴茎后移，不要抽出。当阴茎由假阴道自行脱出后，立即将假阴道直立，使开口向上，并即刻送至精液处理室，经放气后，取下精液杯，盖上盖子。

种公羊通常每周采精2天，每天采精2次，具体采精次数主要根据精液品质与公羊的性机能状况而定。

34. 如何检查羊的精液品质？

常规检查项目主要包括射精量、色泽、气味、云雾状、活力、密度和畸形率7项指标。直观检查项目包括射精量、色泽、气味、云雾状、pH和美蓝褪色试验等；微观检查项目包括精子活力、密度和畸形率。

（1）**射精量** 即采精量，指公羊每次射出精液的体积。以连续3次以上正常采集到的精液的平均值代表射精量，测定方法可用体积测量容器，如试管或量筒（图4-14），也可用电子秤称重后估算体积。公羊在繁殖季节的射精量在0.8～2毫升，平均为1.2毫升；在非繁殖季节的射精量在1毫升以内。射精量超出正常范围的，均认为是射精量不正常。射精量不正常的原因见表4-2。

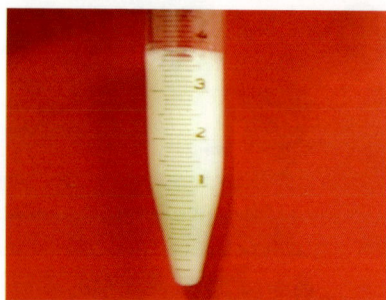

图4-14 采精量（连续2次采精量）

表4-2 射精量不正常的表现及其原因

表现	原因
过少	采精过频、性机能衰退、睾丸炎、发育不良
过多	副性腺发炎、假阴道漏水、尿潴留、采精操作不熟练

（2）**色泽** 羊精液的颜色一般为白色或乳白色，但会因精子浓度的高低而发生变化，通常乳白色程度越重，表示精子浓度越高，精子浓度特别高时表现为乳黄色。在不正常的情况下，精液可能呈现红色、绿色或褐色等色泽，具体原因见表4-3。

表4-3 不同精液的色泽及其原因

类型	色泽	原因
正常的精液	从浓到稀：乳黄—乳白—白色—灰白	

（续）

类型	色泽	原因
	淡红（鲜红）色	生殖道下段出血或龟头出血
	淡红（暗红）色	副性腺或生殖道出血
不正常的精液	绿色	副性腺或尿生殖道化脓
	褐色	混有尿液
	灰色	副性腺或尿生殖道感染，长时间没有采精

（3）气味　羊的精液一般无味或略有膻味，若有异味则属于不正常（表4-4）。

表4-4　不同精液的气味及其原因

类型	气味	原因
正常的精液	无味或略有膻味	
	膻味过重	采精时未清洗包皮
不正常的精液	尿骚味	精液中混有尿液
	恶臭味（臭鸡蛋味）	尿生殖道存在细菌感染

（4）云雾状　正常羊的精液因精子密度大而混浊不透明，肉眼观察时，由于精液翻动而呈云雾状（图4-15、表4-5）。

图4-15　肉眼观察精液呈云雾状

表4-5　不同精液云雾状的表示方法及其特征

表示方法	表现	特征
+++	精液翻动明显而且较快	精子密度高（10亿个/毫升或以上）、活力好
++	精液翻动明显但较慢	精子密度中等（5亿～10亿个/毫升）
+	仔细观察才能看到精液的翻动	精子密度较低（2亿～5亿个/毫升）
-	无精液翻动	精子密度低（2亿个/毫升以内）

（5）活力　活力测定程序：载玻片预温→精液稀释→取样检查→镜检→活力估测→活力记录。

①载玻片预温　将恒温加热板放在载物台上，打开电源并调整控制温度至37℃，然后放上载玻片（图4-16）。

②精液稀释　将生理盐水与精液等温后，按1∶10稀释。例如，用移液枪取10微升精液，再用100微升0.9%氯化钠（生理盐水）溶液等温稀释（图4-17）。

图4-16　将载玻片放在恒温加热板上

③取样检查　取20～30微升稀释后的精液，放在预温后的载玻片中间，盖上盖玻片。

④镜检　用100倍和400倍显微镜观察。

⑤活力估测　判断视野中做前进运动的精子所占的百分比（图4-18）。

图4-17　精液稀释用具

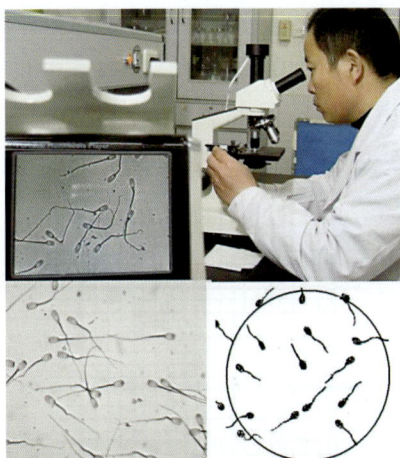

图4-18　精子的活力估测

　　观察1个视野中大体10个左右的精子，计数做前进运动的精子，如有7个前进运动的精子，则活力为0.7。至少观察3个视野，通过3个视野估测活力的平均值计算精液的活力。如3次估测的精子活力分别为0.5、0.6、0.5，平均为0.53，则该份精液的活力为0.5。

　　⑥活力记录　按10级制评分和记录。

　　当羊新鲜精液的精子活力≥0.6时，才可以用于人工授精和制作冷冻精液。羊冷冻精液的精子活力应≥0.3。

　　（6）密度　羊新鲜精液中精子的密度为20亿～30亿个/毫升，不能低于6亿个/毫升，否则不能用于人工授精和制作冷冻精液。

　　目前测定精子密度的方法常采用估测法和血细胞计数法。估测法是在显微镜下根据精子分布的稀稠程度，将精子密度粗略地分为"密""中""稀"。"密"表示精子数量多，精子的间距不到1个精子；"中"表示精子数量较多，精子的间距为1～2个精子；"稀"表示精子数量较少，精子的间距为2个以上精子。

　　血细胞计数法的测定方法如下：

　　①准备精子密度计数室（器）　精子密度计数室长、宽各1毫

米，面积为1毫米^2，盖上盖玻片时，盖玻片和计数室的高度为0.1毫米，计数室的总体积为0.1毫米^3。计数室由双线或三线分隔组成25（5×5）个中方格，每个中方格内有16（4×4）个小方格，共计400个小方格（图4-19）。

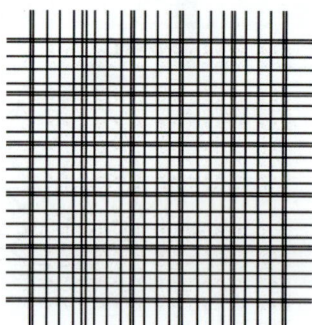

图4-19　精子密度计数室的结构

②配制稀释液　通常采用3%氯化钠溶液配制稀释液，用以杀死精子，便于计数。配制方法：先在试管中加入3%氯化钠溶液1 000微升，取原精液5微升直接加到3%氯化钠溶液中，充分混匀（表4-6）。

表4-6　精液稀释液的配制

稀释倍数	200
3%氯化钠溶液（微升）	1 000
原精液（微升）	5

③精液稀释　将精液注入计数室前必须对精液进行稀释，以便于对精子计数。稀释的比例根据动物精液的密度范围确定。稀释方法：用5～25微升移液器和100～1 000微升移液器，吸取原精液和稀释液，在小试管中进行不同倍数的稀释。

④准备显微镜　在400倍显微镜下，找到计数室上的方格，在计数室上加盖盖玻片，然后将方格调整到最清晰的位置。

⑤将精液注入计数室　吸取25微升稀释后的精液，将吸嘴放于盖玻片与计数室的接缝处，缓慢注入精液，使精液依靠毛细作用吸入计数室（图4-20）。

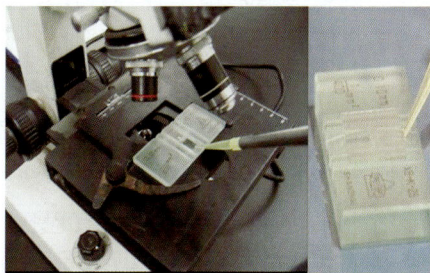

图4-20　将精液注入计数室

⑥精子计数　将计数室固定在显微镜的推进器内，在400倍显微镜下找到计数室的第一个中方格；计数左上角至右下角5个中方格内的总精子数，也可计数四个角和最中间5个中方格内的总精子数（图4-21）。

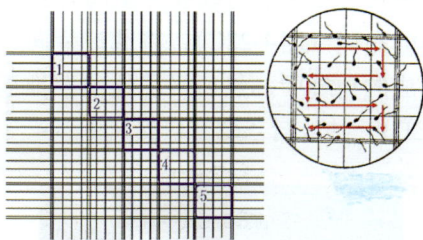

图4-21　精子计数方法

注：以箭头所示的次序计数，以精子的头部为准，依数上不数下、数左不数右的原则计算方格线上的精子数。头部为白色的精子不计数

⑦精液密度计算　精液密度=5个中方格内的总精子数×5×10×1 000×稀释倍数。

例如，5个中方格内的总精子数为200个，则精液密度=200×5×10×1 000×101=10.1（亿个/毫升）。

（7）畸形率　精液中形态不正常的精子称为畸形精子。精子畸形率是指精液中畸形精子数占总精子数的百分比，用%表示。畸形率对受精率有重要影响，如果精液中含有大量畸形精子，则精液的授精能力就会降低。畸形精子各种各样，大体可分为3类：①头部畸形，即精子顶体异常、头部瘦小、细长、缺损或双头等；②颈部畸形，即精子颈部膨大、纤细、带有原生质滴、双颈等；③尾部畸形，即精子尾部纤细、弯曲、屈折、带有原生质滴等。

精子畸形率的检查方法通常采用染色显微镜法：

①准备染液　精液染色可选用的染液有巴氏染液、龙胆紫、纯红或纯蓝墨水、瑞士染液等。例如，将0.5克龙胆紫用20毫升酒精助溶，加水至100毫升，过滤至试剂瓶中备用。

②抹片　用微量移液器取5微升原精液至试管中，再吸取100微升（羊可用200微升）0.9%的氯化钠溶液混合均匀（图4-22A）。左手食指和拇指向上捏住载玻片两端，使载玻片处于水平状态，取10微升稀释后的精液滴至载玻片右侧（图4-22B）。右手持一载玻片或盖玻片，使其与左手中的载玻片呈向右的45度角，并使其接触面在精液滴的左侧（图4-22C）。将载玻片向右拉至精液刚好进入两载玻片形成的角缝中，然后平稳地向左推至左侧（不得再向回拉）（图4-22D）。抹片后，使其自然风干。

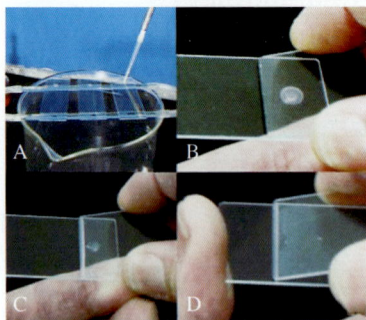

图4-22　抹片的操作过程

③固定 在抹片上滴95%的酒精数滴，固定4～5分钟后，甩去多余的酒精（图4-23）。

④染色 将载玻片放在用玻璃棒制成的片架上，滴加0.5%的龙胆紫或纯蓝或红墨水5～10滴，染色5分钟（图4-24）。

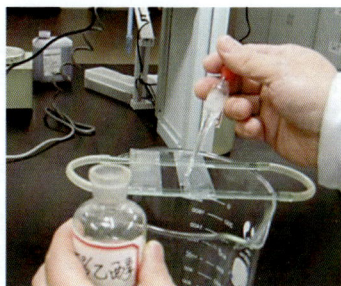

图4-23 固定

图4-24 染色

⑤冲洗 用洗瓶或自来水轻轻冲去染色剂，甩去水分后晾干（图4-25）。

⑥精子计数 将载玻片放在400倍显微镜下进行观察，共记录若干个视野中200个左右的精子（图4-26）。

图4-25 冲洗

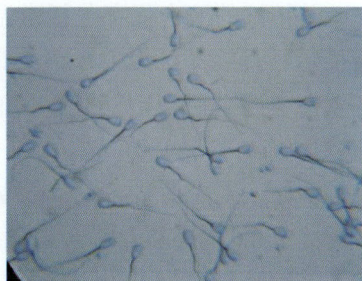

图4-26 显微镜下的精子

⑦计算 精子畸形率=计数的畸形精子总数/总精子数×100%。

羊新鲜精液的精子畸形率≤15%才可以使用；冷冻精液解冻后精子畸形率≤20%才能用于人工授精。

精液采集后，为防止未经稀释的精子死亡，应立即将精液和稀释液按1∶3稀释，然后再检查精子的活力和密度。

35. 羊的精液如何稀释？

精液适宜的稀释倍数与稀释液种类有关。稀释倍数应根据原精液的质量尤其是精子的活力和密度、每次输精所需的精子数、稀释液的种类和保存方法来确定。N倍稀释，即1份精液，N－1份稀释液；1∶N稀释，即1份精液，N份稀释液。如N倍稀释后，精子密度为原来的1/N，体积为原精液体积的N倍，则可分装的份数＝原精液体积×稀释倍数/每份精液体积；稀释倍数＝原精液体积×分装的份数/每份精液体积。

在实际生产中，计算精液稀释倍数时往往因存在小数而影响操作。大多数情况以需要加入的稀释液量直接计算稀释倍数。

原精液可分装份数（即一次采精的可输精分装份数）＝原精液密度×输精要求活力×采精量/每份精液总有效精子数

需加稀释液量＝原精液可分装份数×每份精液体积－采精量

羊精液的液态保存包括常温保存和低温保存，也可将新鲜精液稀释后直接进行人工授精。液态保存的羊精液要求每次输精的有效精子数不能低于0.5亿个，输精前精液的活力不能低于0.6，输精量为0.5～1毫升。

例如，某次采精后，经精液品质检查，采精量为1.2毫升，精子活力为0.6，精子密度为22亿个/毫升，其他指标均符合输精要求。若输精量按每只羊每次0.5毫升计算，则原精液可分装份数＝22亿个/毫升×0.6×1.2毫升/0.5亿个=31.68=31份

注意：计算出来的原精液可分装份数如果有小数，则不论小数点后的数字大小均应忽略，取整数，否则，输精时有效精子数就会不符合标准。

需加稀释液量=0.5毫升×31 − 1.2毫升=14.3毫升。

羊冷冻精液每次输精的有效精子数不能低于0.3亿个，要求精子活力≥0.3，每次输精剂量颗粒冻精为0.1毫升、细管冻精为0.25毫升。第一次稀释需加稀释液量应为最终稀释后精液体积的50%。第二次稀释为原精液和稀释液按1∶1稀释。

例如，制作0.25毫升细管冻精，采精量为3毫升，精子密度为22亿个/毫升。

原精液可分装份数=22亿个/毫升×0.3×3毫升/0.3亿个=66份；

需加稀释液量=0.25毫升×66 − 3毫升=13.5毫升；

第一次稀释需加稀释液量=0.25毫升×66×50% − 3毫升=5.25毫升；

第二次稀释需加稀释液量=0.25毫升×66×50%=8.25毫升。

原精液在经检查合格后，应立即进行稀释，越快越好，从采精到稀释的时间应不超过30分钟。稀释时，稀释液的温度和精液的温度必须调整一致，以30～35℃为宜；将稀释液沿精液瓶壁缓慢加入，防止剧烈振荡；若作高倍（10倍以上）稀释，应先低倍后高倍，分次进行；稀释后精液立即进行分装（一般按一头母畜的输精量）保存（图4-27）。

图4-27　精液稀释及分装保存

36. 羊的精液如何保存？

精液保存的方法按保存温度分为常温保存、低温保存和冷冻保存。按精液的状态分为液态保存和冷冻保存。常温保存和低温保存的温度都在0℃以上，称为液态精液保存；超低温保存的精液是以冻结形式作长期保存，称为冷冻精液保存。常温保存、低温保存和冷冻保存（颗粒和细管）均在肉羊生产中应用。

（1）**常温保存** 精液常温保存的温度在15～25℃，允许温度有一定的变动幅度，又称室温保存。常温保存所需设备简单，便于普及推广，主要用于采精稀释后立即进行输精，不可用于长时间保存精液，从采精到完成输精尽量不超过1小时。如需要运输，可采用保温杯或疫苗箱等（图4-28）。

图4-28 保温杯（左）和疫苗箱（右）

（2）**低温保存** 精液的低温保存是指将精液稀释后缓慢降温至0～5℃保存，利用低温来抑制精子的活动，降低代谢和能量消耗，抑制微生物生长，以达到延长精子存活时间的目的。当温度回升后，精子又恢复正常代谢机能并维持其受精能力。为避免精子发生冷休克，可在稀释液中添加卵黄、奶类等防冷物质，并进行缓慢降温。

　　稀释后的精液，为避免精子发生冷休克，须采取缓慢降温的方法，从30℃降至0～5℃，以每分钟下降0.2℃左右为宜，整个降温过程需要1～2小时。将分装好的精液瓶用纱布或毛巾包裹好，再裹以塑料袋防水，置于0～5℃低温环境中存放；也可将精液瓶放入装有30℃温水的容器内，并将该容器置于0～5℃环境中，经1～2小时，精液温度即可降至0～5℃。

　　低温保存的精液在输精前要进行升温处理。升温速度对精子的影响较小，故一般可将精液瓶直接投入30℃温水中升温。

　　（3）冷冻保存　是指将精液经过冷冻后在液氮中保存。冷冻精液的冷源为液氮，保存温度为－196℃。冷冻精液的剂型有细管型和颗粒型两种。塑料细管一般有0.25、0.5、1.0毫升三种容量。该方法具有适于快速冷冻，精液受温均匀，冷冻效果好；剂量标准化，卫生条件好，精液不易受污染，标记鲜明，不易混淆；体积小，便于大量保存，精子损耗率低，精子复苏率和受胎率高；适于机械化生产，工作效率高等优点。其缺点是如封口不好，解冻时易破裂；须有装封、印字等机械设备。目前常用的以0.25毫升细管为主，在液氮罐内保存（图4-29）。

图4-29　各种容量的液氮罐

37. 冻精输精前如何解冻?

细管冻精在解冻时需要准备好恒温水浴锅(可用烧杯或保温杯结合温度计代替)、镊子、细管钳、输精器及外套管。用镊子从液氮罐中取出细管冻精,由液氮罐提取精液,精液在液氮罐颈部停留不应超过10秒,储精瓶停留部位应在距液氮罐颈部8厘米以下。从液氮罐取出细管冻精到将其投入保温杯(用温度计将保温杯的水温调整至37℃)的时间应尽量控制在3秒以内(图4-30)。将细管冻精直接投入37℃水浴锅中,经摇晃即可完全溶解。也可先将细管冻精投入40℃水浴环境中解冻3秒左右,待一半精液溶解以后取出,使其自然溶解。将解冻好的细管冻精装在输精枪中,封口端朝外,再用细管钳将细管从露出输精枪的部分剪开,套上外套管,准备输精。

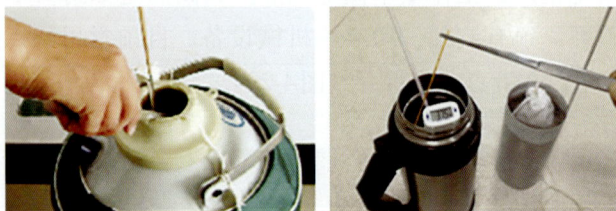

图4-30 细管冻精取出后解冻

颗粒冻精解冻所需器材和溶液包括恒温水浴锅(可用烧杯或保温杯结合温度计代替)、1 000微升移液枪、5毫升小试管、镊子、2.9%柠檬酸钠精液。解冻时,将水浴锅温度设定为38 ~ 40℃,在小试管中加入1毫升2.9%柠檬酸钠溶液,预温2分钟以上。用镊子从液氮罐中夹取1个颗粒冻精投入小试管中,由液氮罐提取精液,精液在液氮罐颈部停留不应超过10秒,储精瓶停留部位应在距液氮罐颈部8厘米以下。从液氮罐取出精液到将其投入小试管的时间应尽量控制在3秒以内。轻轻摇晃小试管，使精液溶解并充分混匀（图4-31）。用输精器将解冻好的精液吸到输精器中，准备输精（图4-32）。

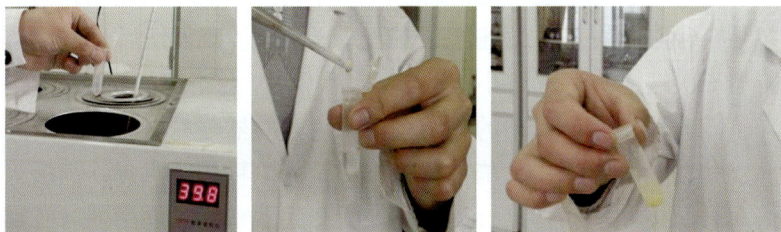

图4-31　颗粒冻精的解冻

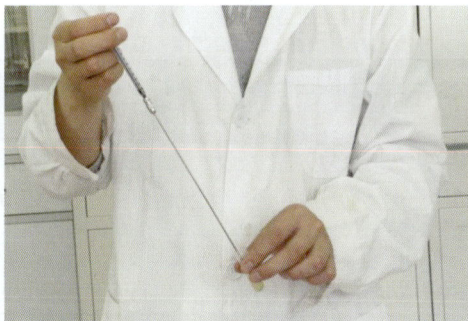

图4-32　用输精器吸取精液

38.羊人工授精如何输精？

输精是人工授精的最后一个技术环节。适时而准确地把一定量的优质精液输送到发情母畜生殖道的一定部位是保证受胎率的关键。鲜精经稀释、精液品质检查符合要求后即可直接输精；低温保存时，在输精前应先将精液经10分钟左右升温到30～35℃，再进行输精；颗粒冻精和细管冻精需要解冻后再进行输精。

（1）把握输精时间　羊进行2次输精。每天用试情公羊检查母羊群2次，上、下午各1次，公羊用试情布兜住腹部，避免发生自然交配。如果母羊接受公羊爬跨，证明已经发情，应在发现母羊发情后6~12小时进行第一次输精，12~18小时后进行第二次输精。经产母羊应于发现发情后6~12小时进行第一次输精，间隔12~16小时进行第二次输精。初配母羊应于发现发情后12小时进行第一次输精，间隔12小时进行第二次输精。

（2）**输精操作** 羊的输精主要采用开膣器输精法。输精前开膣器和输精器可采用火焰消毒，方法是将酒精棉球点燃，利用火焰对开膣器和输精器进行消毒。并在开膣器前端涂润滑剂（红霉素软膏或凡士林等均可）。然后将精液吸入输精器准备进行输精（图4-33）。

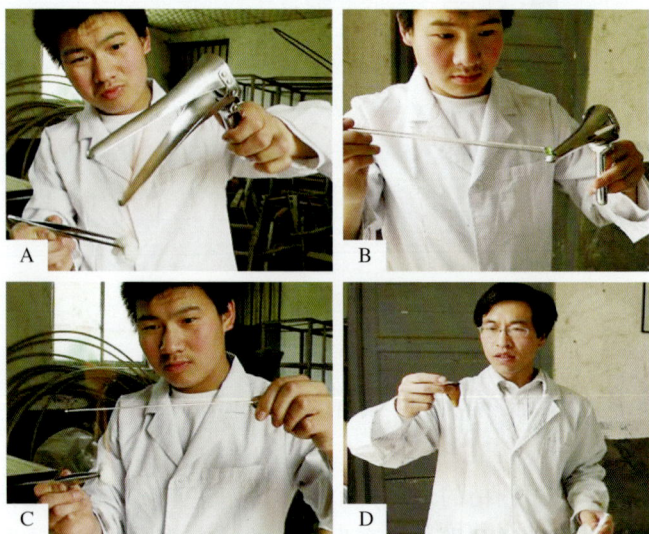

图4-33 羊输精前的准备
A.开膣器消毒 B.开膣器润滑 C.输精器消毒 D.精液准备

母羊可采用保定架保定、单人保定或双人保定。对体格较大的母羊可采用保定架或双人保定（图4-34）。体格中、小型的母羊可采用单人倒提保定。

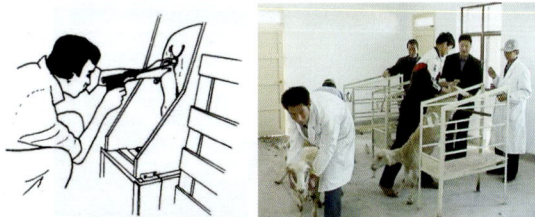

图4-34 羊保定架保定后输精

　　输精操作时用卫生纸将外阴部粪便等污物擦干净。用开膣器先朝斜上方进入阴道，当开膣器前端快抵达子宫颈口时，将开膣器转平，然后打开开膣器，看到子宫颈口时，将输精器头旋转进入子宫颈；等输精器无法再进入子宫时，可将精液注入。羊在输精时，输精器进入子宫时难度较大，通常进入深度为2～3厘米，最佳位置是通过子宫颈直接将精液输到子宫体内（图4-35）。输精完成后，将母羊再倒提保定2分钟，防止精液倒流。输精完成后，输精器和开膣器必须清洗干净。也可采用可视输精器进行输精（图4-36）。

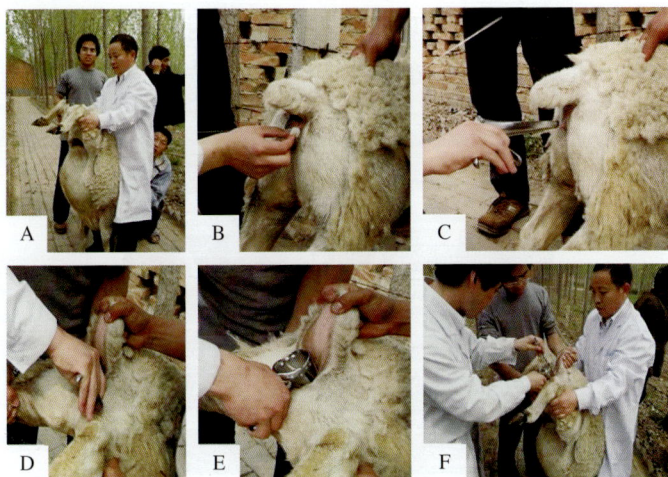

图4-35 羊输精操作流程

A.保定　B.消毒　C.开膣器插入　D.开膣器转平　E.开膣器打开　F.输精

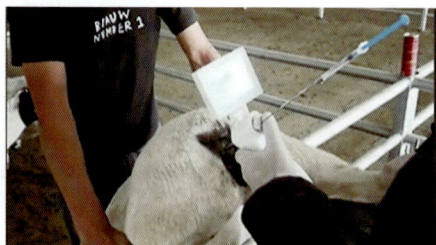

图4-36　可视输精器输精

39. 羊冻精腹腔镜输精如何操作？

采用腹腔镜输精的羊，至少保证断水断料36小时。首先对手术创面进行备毛和消毒处理（图4-37）；然后使用手术刀在两个乳房正下方10厘米左右，做两个切口；随后进行穿刺，沿着斜向乳房侧的方向穿破两侧的皮肤与腹膜（图4-38）；穿刺后从左侧插入腹腔镜（图4-39），从右侧插入输精器（图4-40），通过腹腔镜观察子宫的位置，并将精液注入双侧子宫角内（图4-41）。如果看不到子宫，可以使用右侧的输精管进行拨动查找。输精结束以后拔出穿刺针，并对伤口进行缝合与消毒处理。

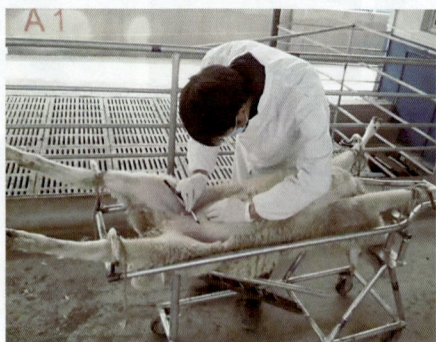

图4-37　术前消毒

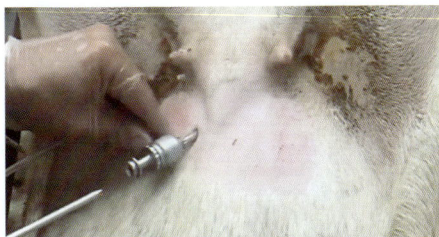

图4-38　术部穿刺

图4-39　插入腹腔镜

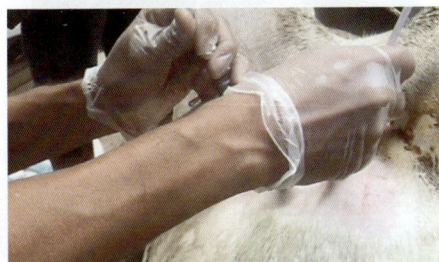

图4-40　插入输精器

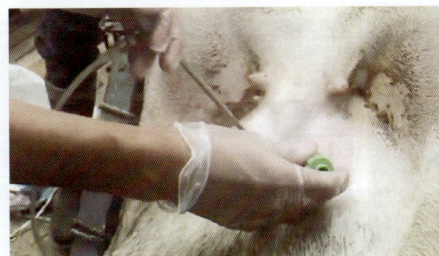

图4-41　注入精液

40. 如何利用B超进行羊的妊娠诊断？

母羊配种后15～25天用公羊进行试情，40天以后用B超进行妊娠诊断（图4-42）。用B超进行妊娠诊断需要将待查母羊保定后，先在腹下乳房前毛稀少的地方涂凡士林或液状石蜡等耦合剂，然后用B超探测仪的探头对着骨盆入口方向探查。用B超对羊进行早期妊娠的时间最好是配种40天以后，这时胎儿的鼻和眼已经分化，易于诊断。

图4-42　B超妊娠诊断

用B超进行妊娠诊断是目前羊妊娠诊断最准确，也是最为有效的方法。羊不同妊娠阶段通过B超观察到的胎儿发育情况如图4-43所示。

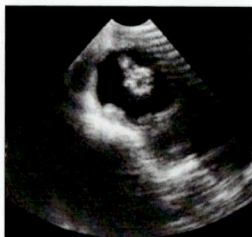
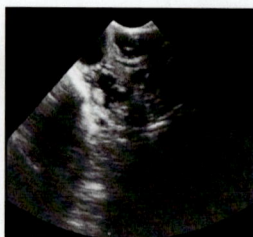

妊娠30天　　　　　　　　　妊娠35天

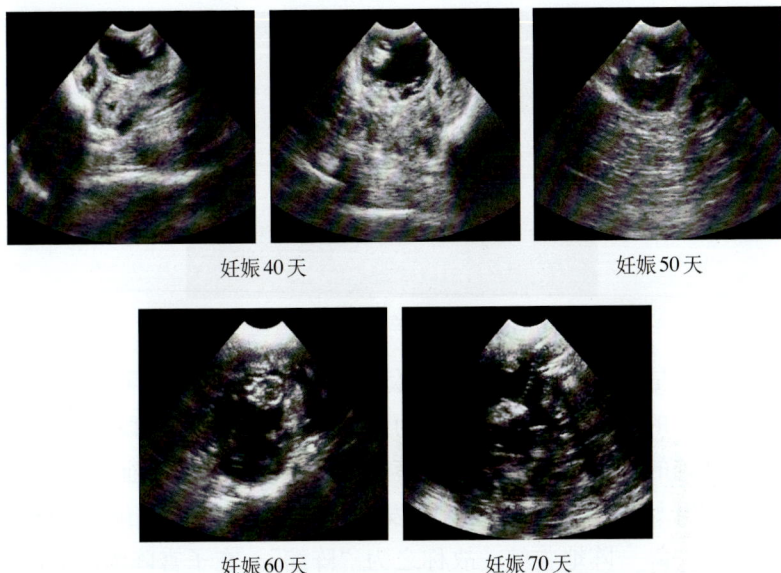

妊娠 40 天　　　　　　　　　　　妊娠 50 天

妊娠 60 天　　　　　妊娠 70 天

图 4-43　羊不同妊娠阶段的胎儿 B 超图像

41. 如何做好羊的分娩与助产？

　　母羊在分娩之前，会在行为上和生理上发生一系列的变化，这些变化称为分娩征兆。母羊临产前的典型征兆包括精神不安，食欲减退，回顾腹部，时起时卧，不断努责和扒地（图4-44），腹部明显下陷。母羊的乳房在分娩前迅速发育，腺体充实，临近分娩时可从乳头中挤出少量清亮胶状液体或少量初乳，乳头增大变粗。母羊临近分娩时，阴唇逐渐柔软、肿胀、增大，阴唇皮肤上的皱褶展开，皮肤稍变红；阴道黏膜潮红，黏液由浓厚黏稠变得稀薄滑润，排尿频繁；骨盆的耻骨联合、荐髂关节以及骨盆两侧的韧带活动性增强，肷窝明显凹陷。用手握住尾根做上下活动，感到荐骨向上活动的幅度增大。

视频 5

图4-44　母羊分娩前的表现

　　分娩是指妊娠子宫在内分泌调节和母体机械刺激下将胎儿和胎衣排出的过程。分娩过程分为三个阶段：①准备阶段。此阶段以子宫颈的扩张和子宫肌肉有节律性地收缩为主要特征。在这个阶段的开始，每15分钟左右便发生1次收缩，每次收缩约20秒，由于是一阵一阵地收缩，故称之为"阵缩"。在子宫阵缩的同时，母羊的腹壁也会伴随发生收缩，称之为"努责"。阵缩与努责是胎儿产出的基本动力。在这个阶段，扩张的子宫颈和阴道成为一个连续管道。胎儿和尿囊绒毛膜进入骨盆入口，尿囊绒毛膜开始破裂，尿囊液流出阴门，称之为"破水"。羊分娩准备阶段的持续时间为0.5～24小时，平均为2～6小时。若尿囊绒毛膜破后超过6小时胎儿仍未产出，即应考虑胎儿产式是否正常，超过12小时未产出，即按难产处理。②胎儿产出阶段。此阶段胎儿会随羊膜继续向骨盆出口移动，同时引起膈肌和腹肌反射性收缩，使胎儿通过产道产出。胎儿从显露到产出体外的时间为0.5～2小时，产双羔时，先后间隔5～30分钟。胎儿产出的时间一般不会超过2～3小时，如果时间过长，则可能是胎儿产式不正常导致难产。③胎衣排出阶段。羊的胎衣通常在分娩后2～4小时排出。胎衣排出的时间一般需要0.5～8小时，但不能超过12小时，否则会引起子宫炎等一系列疾病。

　　助产人员应该事先了解母羊在分娩前有哪些征兆，然后根据

母羊的表现来判断分娩时间，做好助产前的准备工作如帮助母羊
矫正胎位（图4-45）。在分娩过程中，助产人员可视情况拉出胎儿
来助产（图4-46）。

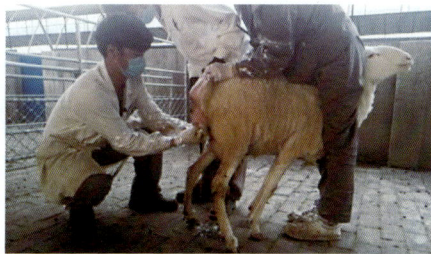

图4-45　矫正胎位

图4-46　拉出胎儿

42. 如何防治母羊的生产瘫痪？

生产瘫痪又称乳热病或低钙血症，是急性而严重的神经疾病，
主要见于成年母羊，发生于产前或产后数天内，偶尔发生于妊娠
的其他时期。山羊和绵羊均可患病（图4-47、图4-48），以多胎羊
多见，尤其是怀有3羔以上的母羊。

病羊表现为衰弱无力。病初抑郁，食量减少，反刍停止，后

肢软弱，步态不稳，甚至摇摆。有的患病绵羊弯背低头，蹒跚走动。病羊由于发生战栗和不能安静休息，呼吸常见加快。疾病后期病羊常常用嘴呼吸，唾液随着呼气吹出，或从鼻孔流出食物。产后瘫痪的病羊常呈侧卧姿势，四肢伸直，头弯于胸部，体温逐渐下降，有时降至36℃；皮肤、耳朵和角根冰冷，接近死亡状态（图4-49）。

为预防该病的发生，妊娠母羊要喂给富含矿物质的饲料，单纯饲喂富含钙质的混合精饲料，预防效果不明显，同时需要给予维生素D。此外，产前母羊应保持适当运动。

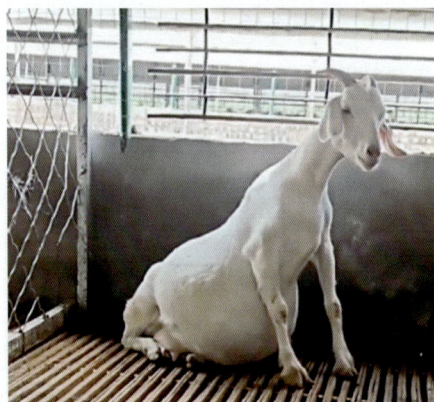

图4-47　山羊产前瘫痪

图4-48　绵羊产前瘫痪

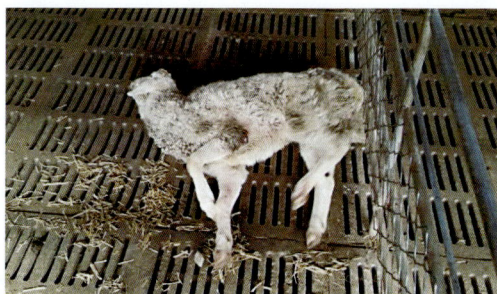

图4-49　母羊产后瘫痪

对发病的羊，应及早治疗，口服红糖、鱼肝油、钙片、葡醛内酯片、多酶片，温水送服，早晚各一次。或应用5%氯化钙40～60毫升、25%葡萄糖80～100毫升、10%安钠咖5毫升，混合后一次静脉注射。

43. 母羊难产时如何处理？

难产分为产力性难产、产道性难产及胎儿性难产三类，前两类又可合称为母体性难产（图4-50）。当发现母羊难产时，应及早采取助产措施，助产越早，效果越好。难产病例均应做急诊处理，手术助产越早越好，尤其是剖宫产术。

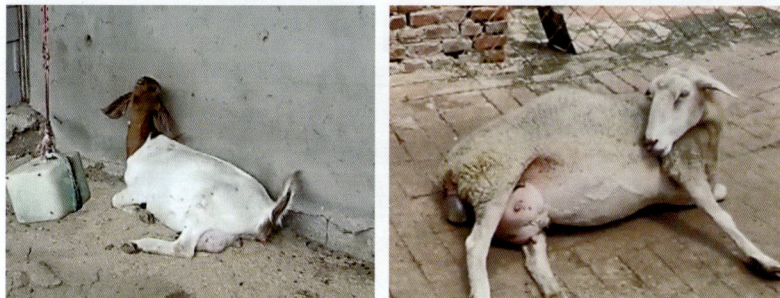

图4-50　母体性难产

助产前应询问畜主羊分娩的时间，是初产或经产，胎膜是否破裂，有无羊水流出，并检查全身状况。一般应使羊侧卧，保持安静，前躯低、后躯稍高，以便于矫正胎位。手臂和助产用具应进行消毒；阴户外周用1：5 000的新洁尔灭溶液进行清洗。注意产道有无水肿、损伤、感染，以及产道表面的干燥或湿润状态。应确定胎位是否正常，判断胎儿的死活。胎儿正产时，将手伸入母羊阴道可控制胎儿的嘴巴、两前肢以及两前肢中间夹着的头部；当胎儿倒生时，将手伸入产道可发现胎儿的尾巴、臀部及脐动脉，以手指压迫胎儿，如有反应则表示尚存活。

常见的难产包括头颈侧弯、头颈下弯、前肢腕关节屈曲、肩关节屈曲、肘关节屈曲、胎儿下位、胎儿横向和胎儿过大等；可按不同的异常产位将其矫正，然后将胎儿拉出产道（图4-51）。对于多胎母羊，应注意怀羔数目，在助产中认真检查，直至将全部胎儿助产完毕为止。

图4-51　羊的助产

当出现子宫颈扩张不全或子宫颈闭锁，胎儿不能产出；或骨骼变形，致使骨盆腔狭窄，胎儿不能正常通过产道等情况时，可进行剖宫产术，对胎儿施救，并保护母羊安全（图4-52）。

剖宫术方法：对右胁部手术区域（由髋结节到肋骨弓处）进行剃毛，然后用温肥皂水洗净并擦干；使羊卧于左侧保定，用碘

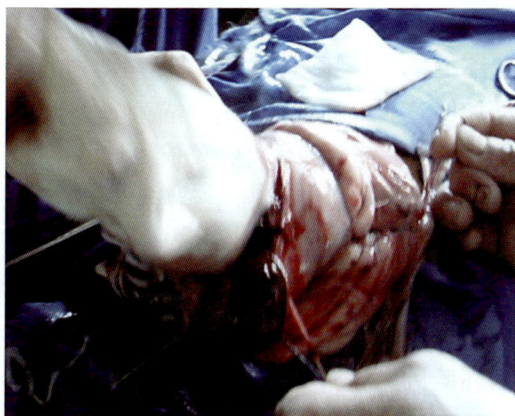

图4-52　羊的剖宫产术

酒消毒皮肤，然后盖上手术巾；用0.5%普鲁卡因沿切口做浸润麻醉，用量根据母羊体况而定；沿腹内斜肌的方向切开腹壁，切口应距髋结节10～12厘米，切口上的血管用钳夹法和结扎法进行止血；显露腹腔后，术者将手经切口伸入腹腔内，探查胎儿的位置以及离切口最近的部位，以确定子宫切开的方法；切开子宫角，并用剪刀扩大切口长度；通过橡皮管用橡皮球或大号注射器吸出羊水和尿水；待羊水放完后，拉出胎儿，尽量将胎膜剥离；用生理盐水冲洗子宫壁及子宫腔，除去子宫腔内的血凝块及胎膜碎片，冲洗子宫壁上的污物；向子宫腔内撒入青霉素或链霉素后，缝合子宫壁的切口。

44. 羊的繁殖新技术有哪些？

随着科学技术的推广和普及，科学养羊已成为新的经济增长点，而繁殖新技术是科学养羊的关键手段。采用先进的繁殖新技术，可以使养羊生产有计划、快速、高效地开展。目前在养羊业中应用较广泛的繁殖新技术有胚胎移植技术、胚胎冷冻保存技术以及性别控制技术等。

（1）**胚胎移植技术**　胚胎移植可以提高动物的繁殖力，缩短繁殖周期，增加繁殖后代的数量，加快品种改良的脚步。该技术是选择具有较高生产性能和遗传育种价值、年龄在2.5~5岁的优秀成年母羊作供体，选择无传染病和生殖疾病、体质健康、发情正常的土种羊或其他羊品种作受体。然后对供体羊和受体羊进行同期发情处理，于发情后的第6～7.5天或第2～3天分别从子宫和输卵管采集胚胎。胚胎移植分为输卵管移植和子宫移植两种。由输卵管获得的胚胎，经输卵管伞部移植到输卵管中；由子宫获得的胚胎，移植到子宫角1/3处，最后妊娠产羔（图4-53）。

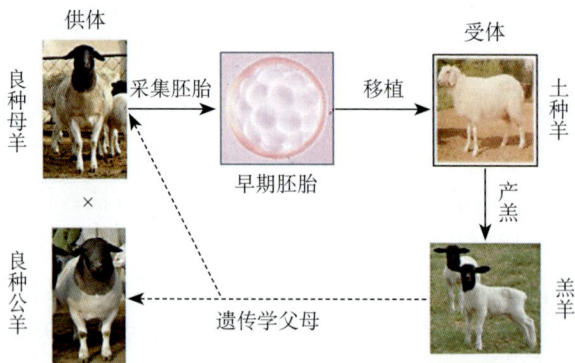

图4-53　羊胚胎移植技术流程

（2）**胚胎冷冻保存技术**　胚胎冷冻保存一般指在−196～0℃的温度下保存胚胎。而超低温冷冻保存则是在极低的温度下保存动物的胚胎，处于超低温状态下的胚胎，其新陈代谢几乎完全停止，因而可以达到长期保存的目的（图4-54）。胚胎冷冻保存可促进胚胎移植技术的产业化，便于胚胎运输和建立肉羊基因库。目前，胚胎冷冻主要采取玻璃化冷冻方法，这项技术已日趋成熟，有望在肉羊产业中得到推广和应用。

图4-54　胚胎液氮罐保存

（3）**性别控制技术**　是指通过人为干预并按人们的意愿使雌性动物繁殖出所需性别的后代的一种繁殖技术。性别控制技术主要从两方面进行：一是在受精之前，精子含X染色体则受体产雌性后代，精子含Y染色体则受体产雄性后代。目前主要是利用流式细胞检测仪分选X精子和Y精子，达到性别控制的目的（图4-55）。二是在受精之后，通过对胚胎的性别进行鉴定，从而获得所需性别的后代。分子生物学Y染色体性别决定区聚合酶链反应（SRY-PCR）鉴定法是最具商业应用价值的鉴定胚胎性别的方法，由于这种方法对胚胎损害较小，而且不易被黏附在胚胎表面或透明带里的精子污染，准确率可达90%以上，所以被国内研究人员广泛应用于家畜，特别是羊胚胎的性别鉴定。

图4-55　精子分离用流式细胞检测仪

五、牧草种植与饲料加工技术

45. 常见优质牧草有哪些？

考虑到牧草的生态适应性、生产效益、经济效益及生态价值等因素，不同区域适合种植的优质牧草不尽相同（图5-1）。

（1）**东北地区** 核心草种为羊草、紫花苜蓿、玉米和高粱，优秀草种包括沙打旺、无芒雀麦、二色胡枝子、碱茅、山野豌豆、燕麦、大麦、毛苕子、扁蓿豆、野大麦、披碱草和老芒麦等。

（2）**内蒙古高原** 核心草种为紫花苜蓿、沙打旺、玉米、高粱、燕麦、大麦、柠条和冰草，优秀草种包括羊草、无芒雀麦、老芒麦、披碱草、羊柴、扁蓿豆、梭梭、沙拐枣、草木樨和毛苕子等。

（3）**黄淮海地区** 核心草种为紫花苜蓿、玉米、高粱和黑麦，优秀草种包括沙打旺、无芒雀麦、苇状羊茅、小冠花、百脉根、鸡脚草和草木樨等。

（4）**黄土高原** 核心草种为紫花苜蓿、玉米、沙打旺、小冠花、高粱、无芒雀麦、苇状羊茅、鸡脚草、红豆草和冰草，优秀草种包括羊草、披碱草、老芒麦、羊柴、柠条、草木樨、箭筈豌豆、毛苕子、燕麦和大麦等。

（5）**长江中下游地区** 核心草种为白三叶、多年生黑麦草、一年生黑麦草、玉米、苏丹草、紫云英、狼尾草、苇状羊茅和雀稗，优秀草种包括紫花苜蓿、狗牙根、鸡脚草、红三叶、无芒雀麦、箭筈豌豆、苦荬菜、聚合草和串叶松香草等。

（6）**华南地区**　核心草种为柱花草、玉米、苏丹草、狼尾草、雀稗和狗尾草，优秀草种包括大翼豆、银合欢、山蚂蝗、一年生黑麦草、苦荬菜、聚合草和串叶松香草等。

（7）**西南地区**　核心草种为白三叶、多年生黑麦草、一年生黑麦草、玉米、苏丹草、狼尾草、红三叶和苇状羊茅，优秀草种包括鸡脚草、紫花苜蓿、草芦、扁穗牛鞭草、苦荬菜、聚合草、串叶松香草、毛苕子和箭筈豌豆等。

（8）**青藏高原**　核心草种为老芒麦、披碱草、燕麦、大麦和中华羊茅，优秀草种包括紫花苜蓿、无芒雀麦、红豆草、白三叶、沙打旺、冷地早熟禾、草木樨、毛苕子、箭筈豌豆、糙毛鹅冠草和星星草等。

（9）**新疆**　核心草种为紫花苜蓿、玉米、高粱和无芒雀麦，优秀草种包括燕麦、大麦、木地肤、沙拐枣、樟味藜、驼绒藜、红豆草、鸡脚草、老芒麦和披碱草等。

紫花苜蓿

沙打旺

白三叶

无芒雀麦

鸭茅

苇状羊茅

箭筈豌豆　　　　　　　　燕麦　　　　　　　　　甜高粱

图5-1　常见的优质牧草

46. 农区牧草如何种植？

农区水热条件良好并拥有丰富的可利用休闲地资源，如冬闲田、夏闲田、果园隙地、退耕地及"四边地"等，这些在时间和空间上的"闲地"可为生产优质饲草饲料提供广阔的空间。一般而言，冬、夏闲田只能季节性利用，适合种植快速生长的一年生或越年生牧草；果园隙地、退耕地及"四边地"可常年利用，宜种植多年生牧草。其中，果园隙地宜种植耐阴的豆科和禾本科牧草；退耕地宜进行豆禾混播，以充分利用混播优势来提高牧草的产量和品质；而"四边地"则主要种植枝叶发达的上繁型牧草。在冬、夏闲田种植一年生或越年生牧草时，要注意划区分期播种，主要目的是便于形成丰产时间差以利均衡利用，具体方法是划分地块按一定时间间隔（5～15天）分批播种，使最早与最晚播的地块至少有1个月的间隔。

牧草刈割后可进行青饲、青贮、晒制干草、加工草粉等。从利用成本和饲喂价值的角度而言，牧草利用时应首先考虑青饲，当牧草有大量剩余时再进行青贮或晒制干草。一般而言，墨西哥玉米（图5-2）、甜高粱播后45天株高达50厘米以上时开始收割，留茬5厘米，此后每隔20天可再割，全生育期可割8～10次；燕麦分2次刈割能为家畜持续供应青饲料，第一茬株高40～50厘米时刈割，留茬5～6厘米，隔30天左右齐地刈割第二茬；冬牧70黑麦生长至20厘米以上时即可收割，留茬5～8厘米，全年可刈割4～6次（图5-3）。

图5-2　墨西哥玉米

图5-3　冬牧70黑麦

新鲜牧草富含蛋白质、维生素和矿物质等营养成分，是一种营养相对平衡的饲料，可以部分替代以"秸秆+精饲料"为基础的日粮，替代量由饲养成本和可利用饲料量决定。饲喂时，最好以全混合日粮的形式饲喂，以提高家畜采食量、平衡瘤胃内环境、避免家畜挑食。此外，使用新鲜牧草还要注意以下问题：①尽量当天刈割、当天饲喂，短期存放时要将新鲜牧草摊开，不能将其长时间堆积，以防止发霉、腐败及家畜亚硝酸盐中毒。②当新鲜牧草含水量过高时，需要适当晾晒，以防止家畜腹泻。③要特别注意新鲜牧草中的有毒有害成分，比如常见的新鲜豆科牧草（除百脉根和红豆草）富含皂苷，容易引起家畜瘤胃臌胀，饲喂时应逐渐提高饲喂量；家畜采食过于幼嫩的甜高粱易造成氢氰酸中毒，因此甜高粱宜在抽穗时刈割利用；而箭筈豌豆的籽实中含有生物碱和氰苷，应避开氢氰酸含量高的青荚期饲喂。

47. 优质牧草如何收割？

牧草收割的方法可分为人工收割和机械收割两类。人工收割工具简单，仅为各式镰刀，设备投入少、效率低、劳动强度大。机械收割由拖拉机牵引割草机作业（图5-4），小型割草机工作效率为0.5公顷/小时，大型割草机可达1～2公顷/小时。科学的收割作业需要把握好割草强度，重点通过控制割草时期、割草次数和割草留茬高度来实现。

（1）**适时收割**　确定牧草的最适收割时期，必须考虑两项指标：一是产草量，二是可消化营养物质的含量。在牧草的一个生长周期内，随牧草产量的增加，可消化营养物质含量逐渐降低，尤其是在牧草进入生殖生长期后，可消化营养物质含量急剧下降，只有当产草量和营养成分之积（即综合生物指标）达到最高时，才是最佳收割期；同时，最佳收割期的确定还要考虑牧草的再生、安全越冬和返青。一般情况下，禾本科牧草（如羊草、无芒雀麦和老芒麦）的适宜收割期为孕穗-开花期，抽穗期最佳；青贮玉米乳熟期收割最佳；豆科牧草（如紫花苜蓿）的适宜收割期为现蕾-开花期，初花期最佳。北方入冬前最后一次收割的时间以牧草停止生长前后或初霜来临前30～40天为宜，以保证牧草根部能积累足够的养分，促进牧草的安全越冬和翌年返青。

（2）**留茬高度要适当**　留茬过低会影响再生草的生长，留茬过高不仅导致牧草产量损失，还会使枯死的茬枝混入牧草中，降低牧草品质。一般而言，1年只收割1茬的多年生禾草，适宜刈割高度为4～5厘米，不仅当年可获得较高产量，而且不会影响牧草的越冬和翌年返青；而1年收割2茬以上的多年生禾草，收割高度宜保持在6～7厘米，可保证再生草的生长和越冬。在气候恶劣、风沙较大或地势不平、伴有石块和鼠丘的地区，牧草的刈割高度可提高至8～10厘米，以有效保持水土，防止沙化。

（3）**避开阴雨天收割**　选择连续3～5天是晴天时收割，阴天牧草干燥速度慢，营养物质损失量大。如遭雨淋，则干草质量下降极大。晴天刈割是获得优质干草的重要前提条件。

图5-4　不同类型的割草机

48. 优质牧草如何加工？

优质牧草的加工方法主要包含干草调制和青贮，其中干草可以加工成草捆、草粉、草颗粒和草块等牧草产品（图5-5）。

方形草捆　　　　　　　　　圆柱草捆　　　　　　　　　草粉

草颗粒　　　　　　　　　　窖贮　　　　　　　　　裹包青贮

图5-5　各类牧草产品

（1）草捆　干草加工最简单、成本最低、最常见的方法是草捆。为了保证干草质量，必须掌握好草捆含水量，当干草含水量降低至15%～18%（将干草束在手中揉搓时，有飒飒声、柔软，不能脆断，而一松手很快自动松散）时即可打捆；当草捆需要远距离运输时，为了减少草捆体积，降低运输成本，可把初次打成的小方捆进行二次打捆，将其压缩成高密度紧实的草捆（图5-6）。

（2）草粉　工艺流程有两种：第一种包括刈割、自然干燥和粉碎3个主要环节，其工艺简单，营养物质损失大，草粉质量较差；第二种包括刈割、切短、人工干燥和粉碎4个主要环节，其工艺复杂，营养物质损失少，草粉质量高。

（3）草颗粒　工艺流程主要有两种：第一种包括刈割、自然干燥、粉碎、制粒及冷却5个环节；第二种包括刈割、切短、人工干燥、粉碎、制粒及冷却6个环节。草颗粒生产应用最多的是苜蓿草颗粒，占总量的90%以上，以其他牧草为原料的草颗粒较少。

（4）草块　分为田间压块、固定压块和烘干压块三类方式。田间压块由行走式干草捡拾-切短-压块机完成，在田间直接捡

刈割

搂草

打捆

二次打捆

图5-6　干草草捆主要生产过程

拾、切短干草并压制成草块，体积通常为30毫米×30毫米×（50～100）毫米，密度为700～850千克/米³，要求干草含水量在10%～12%；固定压块所用机械为固定式压块机，在加工厂内将干草切短后压制成草块，草块体积通常为32毫米×32毫米×（37～50）毫米，密度为600～1 000千克/米³；烘干压块由移动式烘干压块机完成，通过运输车运来鲜草，将鲜草切成草段，长度为20～50毫米，置于烘干机中快速干燥，使牧草含水量由75%～80%迅速降至12%～15%，然后挤入压块机压制成草块，该方式成本高，应用较少。在草颗粒和草块制作过程中，可以根据需要加入尿素、矿物质和微量元素等添加剂，以提高草产品的饲用价值。

（5）青贮　是在厌氧条件下，使青贮原料自身附着或人为添加的乳酸菌迅速繁殖，分解青贮原料自身含有或人为添加的糖分，生成大量乳酸，从而使青贮原料的pH降至4.2以下，进而抑制各种有害及有益微生物（包括乳酸菌自身）的繁殖活动，最终使青贮原料得以长期安全贮存。青贮技术的关键是创造厌氧环境、促进乳酸发酵，抑制其他微生物活动。传统青贮制作主要包括刈割、水分调节、切碎（揉碎）、装填压实和密封5个环节。青贮原料的含水量应调节至适宜水平，禾本科为65%～75%，豆科为60%～70%。茎秆细软的饲草其切段的适宜长度为2～4厘米，茎秆粗硬的饲草其切段长度以1～2厘米为宜。青贮原料切碎（揉碎）后应及时装填，不要拖延。装填时应分层装入，逐层压实。注意填满和踩实窖（壕）壁和拐角处，不能留有空隙。小型青贮设施当天装填完毕，大型青贮窖（壕）的装填不要超过2～3天。装填压实后，应立即密封。密封方法为覆盖塑料薄膜，膜上压废旧轮胎，或覆土20厘米厚度。

49. 优质牧草如何储运？

优质牧草的储藏方式主要有露天垛藏、干草棚垛藏、室内密闭储藏和青贮等（图5-7）。

（1）露天垛藏　散干草通常采用露天垛藏。散干草的含水量降至15%～18%时即可进行堆垛。常见垛形有长方形和圆形两种。通常长方形垛宽4～5米，高6～7米，长8米以上；圆形垛直径4～5米，高6～7米。为防风害，应用重物压住或绳索捆住垛顶。可人工堆垛，亦可应用堆垛机。

（2）干草棚垛藏　草捆通常采用干草棚垛藏，草棚顶部加防雨层。常见垛形为长方形，垛宽5～6米，高为18～20层干草捆，长20米左右。底层草捆立铺，侧面朝上，相互挤紧，不留空隙。其余各层草捆平铺，宽面朝上。为了使草垛稳固，上层草捆之间的接缝应和下层错开。从第二层草捆开始，可在每层中设置通风道。相邻两层草捆的通风道方向相反，一层为横向，相邻的一层为纵向。通风道宽度以25～30厘米为宜，数目依草捆含水量而定。垛顶呈带檐双斜面状。干草棚通常只设支柱和顶棚，四周无墙。

（3）**室内密闭储藏**　草粉通常采用室内密闭储藏。草粉含水量应为15%以下，如果草粉含水量或储藏温度偏高，则应考虑添加抗氧化剂和防腐剂。常用抗氧化剂为乙氧喹、丁羟甲苯和丁羟甲基苯等；防腐剂为丙酸钙、丙酸铜和丙酸等。

（4）**青贮**　主要设施为青贮池。青贮池密封后，需经常检查密封状况，避免透气漏水。青贮在开启使用期，开口应尽量小，最好于每次取用后采取再次密封的措施，以防止空气进入，避免因好气性微生物的活动而造成二次发酵，导致饲料损失。

鲜草和青贮水分含量高，长途运输的成本过高。草捆虽然水

露天垛藏

干草棚垛藏

室内密闭储藏

青贮

图5-7　牧草的储藏方式

分含量不高，但密度低，相对而言运输成本依然偏高。草粉、草块和草颗粒密度大，较为适于长途运输。种草与养羊结合可以实现牧草就地转化，避免千里运草，从而降低养羊成本，提高养羊经济效益。

50. 优质干草如何鉴定？

干草品质鉴定分为化学分析和感官判断两种。优质干草色泽青绿、气味芳香，植株完整且含叶量高，泥沙少，无杂质、霉烂和变质，水分含量在15%以下。青干草按质量分为五级：一级，枝叶鲜绿或深绿色，叶及花序损失小于5%，含水量15%～17%，有浓郁的干草香味（图5-8）；二级，枝叶绿色，叶及花序损失小于10%，含水量15%～17%，有香味（图5-9）；三级，叶色发黄，叶及花序损失小于15%，含水量15%～17%，有干草香味（图5-9）；四级，茎叶发黄或发白，叶及花序损失大于15%，含水量15%～17%，香味较淡；五级，发霉，有臭味，不能饲喂。

化学分析即实验室鉴定，包括水分、干物质、粗蛋白、粗脂肪、粗纤维、无氮浸出物、粗灰分、维生素、矿物质含量的测定以及各种营养物质消化率的测定和有毒有害物质的测定。

生产中常用感官判断，主要依据下列几个方面粗略地对干草品质做出鉴定。

（1）颜色 优质干草颜色通常较绿，一般颜色越深，损失越少，营养价值越高，所含的可溶性物质、胡萝卜素和维生素含量也较高。

（2）气味 优质干草一般具有浓郁的芳香味，能促进家畜的食欲，增加适口性。品质低劣的干草有难闻的气味，再生草调制的干草香味较少。

（3）叶量 干草叶片的营养价值高于茎秆，叶量越多，营养价值越高。一般禾本科干草叶片不易脱落，而优良豆科干草的叶重量应占总重量的30%～40%。

（4）牧草组分　优质豆科或禾本科牧草占比大时，品质较好，而杂草数量大时品质较差。

（5）含水量　干草的含水量通常在15%～18%，含水量在20%以上时，不利于贮存。

（6）牧草形态　适时刈割调制是影响干草品质的重要因素，初花期或以前刈割时，干草中含有花蕾，未结实花序的枝条也较多，叶量丰富，茎秆质地柔软，适口性好，品质佳。若刈割过迟，干草中叶量少，带有成熟或未成熟种子的枝条数目多，茎秆坚硬，适口性和消化率都会下降，品质变劣。

（7）病虫害情况　使用被病虫害侵染的牧草调制而成的干草，不仅营养价值低，而且影响家畜的健康。鉴定时抓一把干草，检查叶片、穗上是否有病斑出现，以及是否带有黑色粉末等，如果发现存在病害，则不宜饲喂家畜，特别是孕畜，采食后会造成流产。

图5-8　一级花生秧（左）和二级花生秧（右）

图5-9　三级花生秧

51. 什么是人工混播牧场？

混播是指两种（品种）或两种以上的牧草同时在同一块土地上混合播种的种植方式。人工混播牧场则是以建植人工混播草地为基础、以人工混播草地生产的优质牧草为主要饲草料来源、通过人工混播草地放牧或刈割利用饲养家畜并将家畜的排泄物归还草地的生态牧场（图5-10、图5-11）。混播能充分发挥不同牧草的优点，避开其缺点，达到优势互补的目的，具有产量高而稳定、改善牧草品质、便于收获和调制、改良土壤结构、提高土壤肥力以及减轻杂草危害等优点。建立人工混播牧场的目的是要持续地获得优良牧草的高额产量，同时要使人工草地中的各牧草草种保持适宜而恒定的组成比例，使草地处于一种相对稳定的状态。

建植优质高效的人工混播草地可使饲草产量较天然草原提高10倍以上，是缓解优质饲草料短缺的重要途径；在人工混播草地放牧的羔羊日增重可达到200克以上，表现出较高的生产性能。刈割和放牧是利用人工混播草地的主要形式，人工混播草地放牧利用条件下的牧草产量和营养品质均显著高于刈割利用，且放牧利用的成本低于刈割利用，尤其是在难以大规模机械化作业的情况下，人工混播草地放牧利用的生产效益更加突出。在草地畜牧业发达的国家和地区，如欧盟、新西兰、澳大利亚、加拿大等，多通过建立豆禾混播草地（如苜蓿＋黑麦草、白三叶＋黑麦草等）并采取控制放牧的技术来实现低成本、高效益且环境友好的草地利用和畜产品生产。我国主要使用无芒雀麦、鸭茅、苇状羊茅等多年生禾草与苜蓿进行混播，混播草地的牧草产量和品质均优于单播。

图5-10　黄土高原放牧型豆禾人工混播牧场

图5-11　淮河流域农区人工混播牧场

52. 农作物秸秆如何饲草化利用？

（1）花生秧　花生藤和甘薯藤都是收获地下根茎后的地上茎

叶部分，这部分藤类虽然产量不高，但茎叶柔软、适口性好，营养价值和采食利用率、消化率都较高。甘薯藤和花生藤干物质中的粗蛋白含量较高。花生秧在收储过程中应进行除尘（图5-12、图5-13）。

图5-12　花生秧收储

图5-13　花生秧除尘

（2）谷草　谷草质地柔软厚实，营养丰富，可消化粗蛋白、可消化总养分较麦秸、稻草高。在禾谷类饲草中，谷草主要的用途是制备干草，供冬、春季饲用，是品质较好的饲草（图5-14）。

图5-14 谷草

（3）豆秸 豆秸是各类豆科作物收获籽粒后的秸秆的总称
（图5-15）。包括大豆、黑豆、豌豆、蚕豆、豇豆、绿豆等的茎叶，
它们都是豆科作物成熟后的副产品，叶子大部分都已凋落，即使
存有一部分叶子也已枯黄，茎也多木质化，质地坚硬，粗纤维的
含量较高，但其中粗蛋白的含量和消化率较高。在谷实收获的过
程中，经过碾压，豆秸被压扁，豆荚仍保留在豆秸上，这样豆秸
的营养价值和利用率都得到提高。青刈的大豆秸叶的营养价值接
近紫花苜蓿。在豆秸中，蚕豆秸和豌豆秸的粗蛋白含量较高，品
质较好。豆秸的加工储藏同花生秧。

图5-15 豆秸

（4）蒜皮、蒜秧　蒜秧（图5-16）的加工储藏采用青贮模式；蒜皮（图5-17）的加工储藏同花生秧。

图5-16　蒜秧

图5-17　蒜皮

53. 青贮饲料如何制作？

青贮饲料是指青饲料在收获后，直接切碎，贮存于密封的青贮池内，在厌氧环境中，通过乳酸菌的发酵作用而调制成能长期贮存的饲料。黄贮是指将收完玉米籽粒后剩余的秸秆进行贮存。

青贮饲料不受日晒雨淋的影响，养分损失一般为10%～15%，而干草的晒制过程中，营养物质损失达30%～50%。同时，青贮饲料中存在大量的乳酸菌，菌体蛋白含量比青贮前提高20%～30%，每千克青贮饲料大约含可消化蛋白质90克。青贮饲料的优点是：一次青贮全年饲喂，制作方便且成本低廉；适口性好，易消化；既能满足羊对粗纤维的需要，又能满足对能量的需要。适合制作青贮饲料的原料范围十分广泛，玉米、高粱、黑麦、燕麦等禾谷类饲料作物，野生及栽培牧草，甘薯、甜菜、芜菁等的茎叶，甘蓝、牛皮菜、苦荬菜、猪苋菜、聚合草等叶菜类饲料作物，以及树叶和小灌木的嫩枝等均可用于调制青贮饲料。青贮制作技术要点如下：

（1）**适时收割**　所谓适时收割是指在饲料原料可消化养分含量最高的时期收割。优质的青贮原料是调制优良青贮饲料的基础，一般玉米在乳熟期至蜡熟期、乳线居中时（图5-18），就可以收割。禾本科牧草在抽穗期、豆科牧草在开花初期收割为宜。

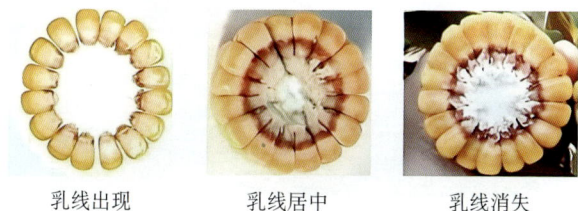

乳线出现　　　　乳线居中　　　　乳线消失

图5-18　玉米乳线

（2）**清理青贮设备**　青贮饲料用完后，应及时清理青贮池，将污腐物清除干净，进行消毒晾晒，以备再次青贮时使用。

（3）**调节原料水分**　青贮原料的含水量是影响青贮成败和青贮饲料品质的重要因素。一般禾本科饲料作物和牧草的含水量以65%～75%为好，豆科牧草含水量以60%～70%为好。质地粗硬的原料含水量可高些，以78%～82%为宜，幼嫩多汁的原料含水量应低些，以60%为最好。原料含水量较高时，可采用晾晒的方式或掺入粉碎的干草、干秸秆及谷物等含水量少的原料加以调节；含水量过低时，可掺入含水量较高的原料混合青贮。青贮现场测定水分的方法为：抓一把刚切割的青贮原料用力挤压，若从手指缝向下流水，说明水分含量过高；若手指缝不见有水流出，说明原料含水量过低；若手指缝刚见到水，又不流下，说明原料水分含量适宜。准确的水分含量测定方法是利用实验室的通风干燥箱烘干测定或用快速水分测定仪测定。

（4）**原料切碎** 青贮原料在填入青贮池前均须切碎。切碎的目的有两个：一是便于青贮时压实，以排出原料缝隙之间的空气；二是使原料中含糖的汁液渗出，湿润原料表面，有利于乳酸菌的迅速繁殖和发酵，可以提高青贮的品质。原料的切碎常使用青贮联合收割机（图5-19、图5-20）、青贮原料切碎机，也可使用滚筒

图5-19 小型青贮联合收割机

图5-20 大型青贮联合收割机

式铡草机。原料一般切成2～5厘米的长度。含水量多、质地柔软的原料可以切得长些；含水量少、质地较硬的原料可以切得短些。

（5）装填和压实 装填青贮原料时要求一要快速，二要压实。一旦开始装填，应尽快装满，以避免原料在密封之前腐败变质。青贮池以一次装满为好，即使是大型青贮建筑物，也应在2～3天装满。装填过程中，每装30厘米（层高）就需要镇压一次。镇压时，要注意靠近墙和拐角的地方不能留有空隙（图5-21）。

图5-21 装填压实

（6）密封 原料装填完毕，应立即进行密封，隔绝空气并防止雨水渗入（图5-22）。

图5-22 密封

小型养殖场可采用质量较好的塑料薄膜制成袋，用于装填青贮原料（图5-23），装填时应将袋口扎紧，以防止空气进入袋内。袋宽50厘米，长80～120厘米，每袋装40～50千克青贮原料。袋贮方法简单，贮存地点灵活，饲喂方便。但使用时应注意：塑料袋的厚度需在0.12毫米以上；不可使用再生塑料；注意防鼠。

图5-23　袋装青贮

玉米秸秆可以进行黄贮（图5-24）。黄贮的品质相对青贮较差。

图5-24　黄贮

54. 如何鉴定青贮饲料的品质？

全株玉米青贮饲料品质的评价方法主要有感官评价、化学分析和微生物评价3个方面。 感官评价是根据饲料的水分、颜色、气味、饲料质地和结构等指标，通过观察、闻味以及手摸等方法对饲料进行简单评价，可以粗略地了解全株玉米青贮饲料的品质。化学评价主要是通过仪器检测全株玉米青贮饲料的化学成分，主要的测定指标包括pH、有机酸含量、总氮含量、氨态氮含量以及醇类化合物含量等。其中pH可以良好地反映青贮饲料的发酵品质。微生物评价主要是了解青贮饲料中乳酸菌、霉菌及梭菌的含量。乳酸菌是青贮发酵的优势菌群，对全株玉米青贮饲料的品质有非常关键的影响。

对青贮饲料的品质进行评价时，在青贮池表层25～30厘米处，从四个角和中央共五个点取样，共取青贮饲料约半烧杯。良好的青贮饲料应具有酒味或酸香味，如果出现醋酸味，则表示品质较差，劣质的青贮饲料有腐烂的粪臭味。优质的青贮饲料呈绿色，如果出现黄绿色或褐色，则表示品质较差，劣质青贮饲料呈暗绿色或黑色（图5-25）。用广泛pH试纸等测定青贮饲料的pH，如果pH为3.8～4.2则表明品质优良，pH为4.2～4.6时品质较次，总之pH越高，青贮饲料的品质越差。

品质优　　　　　　　　　　　　品质良

品质中

品质差

霉变饲料（劣质）

图5-25　不同品质的青贮饲料

应防止青贮饲料二次发酵。二次发酵又称好气性腐败，指发酵完成的青贮饲料，在温暖季节开启后，空气随之进入，好气性微生物重新繁殖，青贮饲料的营养物质也因此大量损失，并产生大量的热，出现好气性腐败。二次发酵多发生在冬初和春夏季节。二次发酵的青贮饲料其pH在4.0以上，含水量在64%～75%。

青贮饲料在取用时要仔细计算肉羊的日需要量，合理安排日取用量的比例（图5-26）。同时应减小青贮饲料容器的体积，贮存量以肉羊在1～3天吃完为佳。

图5-26　青贮取用

55. 精饲料如何加工配制？

肉羊精饲料主要包括能量饲料、蛋白质饲料和矿物质微量元素等。能量饲料是指粗纤维含量小于20%的原料，是肉羊能量的主要来源，在整个日粮配方中占比达50%～70%。能量饲料的来源比较广泛，常见的能量饲料主要包括玉米、大麦、高粱及各种谷物类的加工副产品。蛋白质饲料是指蛋白质含量在20%以上的饲料原料，主要包括各种饼粕、糟渣类和其他类饲料。肉羊饲料一般玉米占比50%～70%、豆粕占比15%～30%、麸皮占比10%～20%、预混料占比3%～5%。对于育肥羊和羔羊饲料，应适当提高豆粕的比例，以增加蛋白质含量。饲料原料经过机械设备充分粉碎混合后（图5-27、图5-28），再进行分装或直接饲喂。

图5-27　小型精饲料粉碎混合机

图5-28　饲料加工机组

56. 糟渣类非常规饲料如何利用？

糟渣类非常规饲料常见的有豆腐渣、果渣、酒糟、啤酒渣、甘蔗渣、药厂的糖渣等，这些产品不仅可以降低饲料成本，也能充分利用资源优势，但必须科学保存、合理添加。例如，豆腐渣（图5-29）的蛋白质含量很高，但能量含量不足，在使用时，可降低精饲料中豆粕、棉粕的含量，适当增加青贮饲料的含量；酒糟（图5-30）、啤酒渣（图5-31）、果渣（图5-32）、药厂的糖渣等则正好相反，这些产品能量含量较高，但蛋白质含量相对较低，使用时可在精饲料中适当提高豆粕、棉粕的含量。

图 5-29　豆腐渣

图 5-30　酒糟

图 5-31　啤酒渣

图 5-32　果渣

　　糟渣类非常规饲料虽然营养价值高，但水分含量也高，如果在使用时未充分自然干燥，则容易发生霉变。糟渣类非常规饲料的合理保存是其饲料化利用的前提。如果采用机械烘干等方法，则会大幅度增加饲料成本。

　　糟渣类非常规饲料的保存原理是利用益生菌进行厌氧发酵，排除空气后可实现长期保存。其常见的保存方式有池装保存和袋装保存，具体保存方法同青贮饲料，在保存前可加入一定量益生菌，池装时必须压实、密封（图5-33），袋装时要求必须密封或抽真空（图5-34）。糟渣类非常规饲料在使用时要与其他饲草、饲料成分混合，保证全价饲料的水分含量在50%以内；取用后要及时密封保存，防止发生二次发酵或霉变。

图5-33　酒糟池装保存

图5-34　袋装保存

57. 羊预混料和舔砖有什么作用？

（1）**羊预混料** 预混料主要包括钴、钼、铜、碘、铁、锰、硒等各种微量元素，食盐和磷酸氢钙，以及维生素A、维生素D$_3$、维生素E等各种维生素。预混料是羊所必需的，任何一种物质的缺乏均会导致代谢病的发生、繁殖率下降甚至出现繁殖障碍，如羔羊的佝偻病（图5-35）、白肌病（图5-36），母羊的不发情和生产瘫痪等。

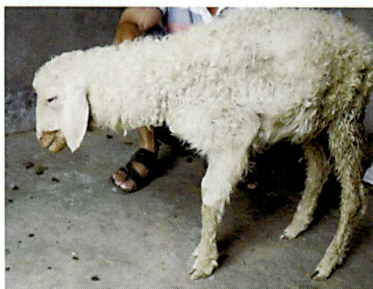

图5-35　羔羊佝偻病

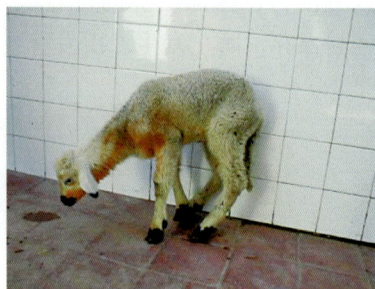

图5-36　羔羊白肌病

以50千克体重舍饲羊为例，其预混料中食盐应大于6克，磷酸氢钙应大于6克，各种微量元素应大于6克，再添加佐料、维生素等，因此其每天的专用预混料添加量为30克左右。

（2）**舔砖** 研制舔砖的目的是补充家畜的营养需求。目前舔砖产品的种类已经由简单的"糖蜜-尿素舔砖"发展到适用于不同牛羊品种、不同用途和不同饲养模式的系列产品（图5-37）。羊等反刍动物以采食草料为主，但长期饲喂单一草料，易导致其缺乏矿物质微量元素，从而易造成母羊发情率和配种率低下、羔羊成活率低等问题。而添加了丰富矿物质微量元素的舔砖恰好可以弥补草料的不足。

图5-37 舔砖

在放牧和舍饲过程中，特别是在冬季和早春气候寒冷、牧草枯黄、秸秆老化的季节里，给羊补充矿物质元素、非蛋白氮、可溶性糖蜜等营养物质，可以提高羊的采食量和饲料转化率。在给舍饲羊饲喂青干草、农作物秸秆和青贮饲料等粗饲料的同时，补饲舔砖显得尤其重要。通过添加舔砖，家畜可以获得必需的营养成分，并可以有效地防止家畜异食。舔砖可以充分利用工农业副产品（如麦麸、饼粕等）以及农作物的残留物，既可以提高工农业副产品的利用率，又可以解决冬、春季饲料不足的问题。

目前生产舔砖的主要设备是舔砖压制机，常见的有三梁四柱结构和四梁四柱结构，定制的四梁四柱舔砖压制机包含315吨、400吨、500吨和630吨等机型（图5-38）。舔砖压制机属于粉末成

图5-38 舔砖压制机

型工艺的设备，压制的舔砖包括5千克、10千克、15千克等重量。不同型号的舔砖压制机可以生产不同重量的舔砖。舔砖的生产流程包括配料上料、破碎、搅拌、压制成型、自然晾干和包装。

舔砖在使用时应尽可能安放在水源充足的地方，距地面30～50厘米，固定在羊方便舔食之处，供羊自由舔食（图5-39）。必须保持舔砖清洁，最好配套使用舔砖盒。

图5-39　羊舔食舔砖

58. 益生菌在养羊中如何使用？

益生菌是从动植物体内提取的，经过加工得到的只含活菌及其代谢产物的微生物制剂。在反刍动物饲料中使用的益生菌包括乳酸利用菌（如埃氏巨型球菌、反刍兽新月形单胞菌、丙酸杆菌等）、酿酒酵母、曲霉、链球菌、双歧杆菌等（图5-40）。益生菌具有无毒副作用、无耐药性和无残留的特点，能有效调节反刍动物的胃肠道菌群，抑制病原菌的生长；促进营养物质的吸收；提高体重；增强免疫力；降低羔羊腹泻率；制作各种青贮饲料；解决羊养殖中的环保问题（如除臭、粪污处理）等。

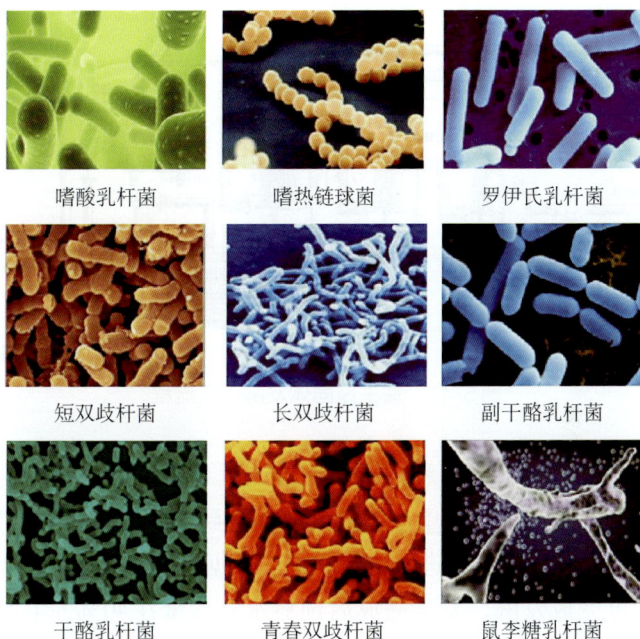

嗜酸乳杆菌　　　　　嗜热链球菌　　　　　罗伊氏乳杆菌

短双歧杆菌　　　　　长双歧杆菌　　　　　副干酪乳杆菌

干酪乳杆菌　　　　　青春双歧杆菌　　　　鼠李糖乳杆菌

图5-40　常见益生菌

（1）**发酵饲料**　是指在人为管理条件下，利用常规的饲料原料和微生物，通过发酵技术生产的含有益生菌或其代谢产物的饲料。发酵饲料生产中使用的菌种主要包括地衣芽孢杆菌、枯草芽孢杆菌、双歧杆菌、粪肠球菌、屎肠球菌、乳酸肠球菌、嗜酸乳杆菌、凝结芽孢杆菌、侧孢短芽孢杆菌。发酵饲料按照水分含量的多少可分为液体发酵饲料和固体发酵饲料。当前国内普遍应用微生物发酵剂或发酵菌种，通过固体发酵生产技术生产发酵饲料（图5-41）。该技术也是发酵饲料生产企业和养殖场（户）采用最多的一种简易、有效的发酵饲料生产方法。

　　根据不同菌种，发酵饲料的生产工艺分为厌氧发酵和耗氧发酵两种。厌氧发酵一般采用乳酸菌等菌种，方法是将待发酵饲料原料与菌种混合后采用密封袋或发酵池密封发酵。其中，密封袋

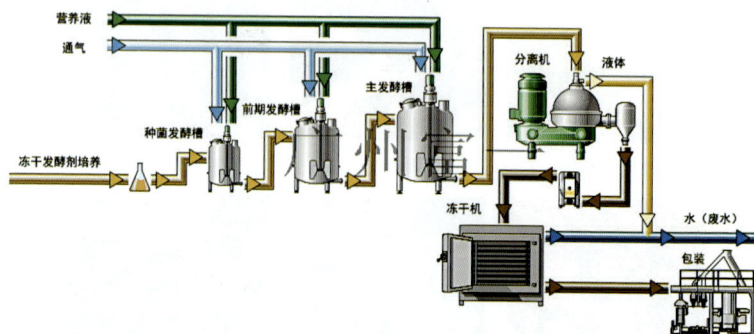

图5-41 益生菌固体发酵工艺流程

发酵是将饲料原料与菌种混合后，装入具有呼吸膜的特殊的塑料包装袋内，使发酵过程中产生的气体在达到一定压力后自行排出，同时外界的空气又不会进入密封袋中。根据发酵温度的不同，3～7天后即可完成发酵。发酵完成后饲料水分含量在40％左右，表现为用手握可成团、不会马上松散，且有发酵饲料特有的酸香味。发酵池发酵则是将饲料原料与菌种搅拌均匀后，放入发酵池中，用塑料薄膜覆盖，先进行耗氧发酵，然后进行厌氧发酵。

在实际应用中，可以将水分含量较高的发酵饲料添加到其他全价饲料中进行饲喂。发酵饲料的添加比例一般为4％～20％，根据饲喂的动物种类及饲喂阶段的不同，适当调整发酵饲料的添加比例。也可以将高水分含量的发酵饲料烘干，待水分含量降至12％以内时，再进行饲喂。

（2）发酵床 是将益生菌按一定的比例与锯末或木屑、辅助材料、活性剂、食盐等混合后制成的有机复合垫料。发酵床养羊能使羊的排泄物被微生物迅速降解、消化或转化，其间有益菌可以利用排泄物中的营养物质不断繁殖，形成高蛋白的菌丝，这些菌丝被羊食入后，不但能提高羊的消化能力和免疫力，还能提高饲料转化率，降低料重比（图5-42）。

图5-42　发酵床养羊

59. 如何制作羊的全混合日粮？

全混合日粮（total mixed ration，TMR）是根据肉羊不同生理阶段的营养需要量，将粗饲料、精饲料、青贮饲料、矿物质、维生素及其他添加剂按照一定比例和顺序，经过搅拌、混合后制成的一种营养相对平衡的混合饲料。TMR可以充分利用当地资源和现代化饲料生产设施设备，保证饲料的均衡和营养。

视频6

（1）小规模羊场（500只以内）制作TMR　一般是采用揉丝机（图5-43）或小型混合搅料机（图5-44）将一定比例的干草、青贮饲料、精饲料充分揉制并混合均匀后制成TMR。

图5-43　揉丝机

图5-44　小型混合搅拌机

（2）规模羊场（500只以上）制作TMR　羊分群后根据其营养需求，通过不同型号的TMR混合机（车），分别将干草、青贮饲料、精饲料按不同比例充分揉制并混合均匀后制成TMR。TMR混合机（车）有固定式和自走式两种，可根据生产需要选择（图5-45至图5-47）。

图5-45　小型固定式TMR混合机（左）和TMR混合车（右）

图5-46　大型固定式TMR混合机（左）和TMR混合车（右）

图 5-47　通过自走式 TMR 混合车饲喂羊群

六、羊的饲养管理技术

60. 空怀母羊如何饲养管理？

（1）饲养 空怀母羊的饲喂以恢复体况、膘情达到七成以上为宜。母羊在空怀期配种前10～15天，饲喂量按干物质计算约为体重的3%，全混合日粮的水分含量控制在55%左右，日饲喂量为3～4千克，其中精饲料为0.4～0.5千克。

视频7

（2）管理 空怀母羊的管理主要是保健和配种（图6-1）。

①保健 断奶后的母羊和青年母羊在配种前完成剪毛、驱虫、药浴和疫苗防疫。

②配种 做好母羊每天的查情工作，及时配种，青年母羊尽

图6-1 空怀母羊

量采用自然交配的方式，经产母羊可以采用人工授精。母羊断奶后在1个月内完成统一发情和配种（人工授精），尽量避免在7—9月配种，以防止母羊在12月、翌年1月和2月产羔，因在此时期产羔会增加羔羊的死亡率。

61. 妊娠母羊如何饲养管理？

（1）饲养　母羊在妊娠的前3个月，营养需要与空怀期基本相同。妊娠后期的母羊要进行补饲，饲料中的蛋白质含量比空怀期提高15%～20%，钙、磷含量比空怀期增加40%～50%，并要添加足量的维生素A、维生素E和维生素D。妊娠后期，每天每只母羊补饲混合精饲料0.2千克。

（2）管理　妊娠母羊（图6-2）要做到"一保、二用、三不、四勤"。一保是指保证圈舍清洁卫生、干燥温暖；二用是指用温水喂羊，应用干草或干栏舍；三不是指圈舍不进风、不漏雨、不潮湿；四勤是指圈舍勤垫草、勤换草、勤打扫、勤除粪。同时，还要避免踢打、惊吓妊娠母羊，防止其与其他羊互相挤压。此外，妊娠母羊不宜进行防疫注射；妊娠2个月的母羊应及时做好妊娠诊断，减少空怀。

图6-2　妊娠母羊

62. 哺乳母羊如何饲养管理?

母羊产前或产后当天转入母子栏,加强护理,准备助产;产后第 1 ～ 3 天将母羊转出母子栏,转入产后母羊舍;母子栏内颗粒料不限量饲喂,并应每天清洗和更换补饲槽,保证补饲槽的清洁卫生;产后到断奶期间,根据母羊的膘情,按0.1千克/只补饲精饲料(专用产后补饲颗粒料)。哺乳期内,15 ～ 30 日龄羔羊开始定时哺乳;30 日龄以上的羔羊白天限制在母子栏内,自由采食羔羊颗粒料,夜间哺乳(图6-3)。

尽量保证羔羊在2月龄以内断奶,最早可提前到42日龄或6周龄断奶,这样可以保证母羊的及时发情和配种(人工授精)。

图6-3 哺乳母羊及其羔羊

63. 产后母羊如何护理?

母羊在分娩时,生殖器官会发生激烈的变化,使机体抵抗力降低,导致母羊在产出胎儿时,产道黏膜可能遭受损伤;产后子宫内可能积存大量的恶露,这为微生物的侵入创造了条件,使母羊容易发生感染;同时,分娩过程中母羊会损失很多水分。因此,对产后母羊应加强护理(图6-4)。

图6-4　产后母羊

母羊产后护理的注意事项包括：①应把母羊和新生羔羊转入母子栏内，这样做一是可以促进母羊对羔羊的辨认和护理，二是可以防止成年羊踩伤羔羊，利于管理。②母羊分娩后，应注射破伤风抗毒素1支，为了防止母羊发生子宫感染，可注射抗菌药物如青霉素、头孢菌素、产后康等。③如果母羊发生产后瘫痪，则要及时治疗，可静脉注射氯化钙或葡萄糖酸钙注射液，皮下注射维丁胶钙等。④母羊产后，应喂服温的盐水、麸皮汤，防止母羊因身体缺水而出现粪便干结，同时还有利于催乳。⑤注意观察母羊的胎衣排出情况，要及时清除胎衣以免母羊吞食，如果发现胎衣不下则要及时治疗，如注射缩宫素、抗菌消炎药等。⑥注意观察母羊的恶露排出情况，如果发现母羊恶露不尽，要及时治疗，如采用低浓度的0.02%高锰酸钾溶液反复冲洗子宫，并注射抗菌消炎药等。

此外，母羊分娩后1～3天，应根据母羊的膘情适当补饲精饲料，饲喂量为每天每只0.1千克；在哺乳期间，应注意观察母羊的泌乳情况，如果发现泌乳不足，则要及时治疗或催乳，保证羔羊吃上初乳，提高成活率；在羔羊断奶前，哺乳母羊要提前7天减少精饲料的饲喂量，防止其发生乳腺炎。

64. 种公羊如何饲养管理？

种公羊必须保持良好的种用体况（图6-5），即四肢健壮、体质结实、膘情适中、精力充沛、性欲旺盛、精液品质良好，这样才可以保证和提高种羊的利用率。因此，必须对种公羊进行精心的饲养管理。

视频8

图6-5　种公羊

（1）饲养　种公羊在非配种期应加强饲养，全混合日粮的采食量为体重的3%～3.5%，日粮组成主要包括精饲料、干草、青贮饲料和糟渣类，其中，精饲料饲喂量控制在0.5～1.0千克/天；配种期的饲料应力求多样化，互相搭配，以便饲料的营养全面，且容易消化、适口性好。应根据当地情况，有目的、有针对性地选用饲料原料。

（2）管理　种公羊舍应保持环境安静，远离母羊舍，以减少发情母羊和种公羊之间的相互干扰。种公羊舍应选择通风、向阳、干燥的地方，避免高温、潮湿环境对精液品质的不良影响。种公羊应单独饲养，饲养面积为2米²/只，以免相互爬胯和顶撞；由专人饲养，以便饲养员熟悉其特性，有利于促进种公羊和饲养员之间的交流，减少采精等操作时的应激。同时，种公羊的配种采精要适度，一般1只种公羊可承担100～200只母羊的配种任务；1.5岁的种公羊，1天内的采精次数不宜超过1～2次，每次收集2次射精量，2次采精间隔为10～15分钟。应注意种公羊在采精前不宜吃得过饱，还要定期检查种公羊的精液品质。

（3）调教　幼龄种公羊要及时进行生殖器官检查，对存在小睾丸、短阴茎、包皮偏后、独睾、隐睾、附睾不明显、公羊母相或8月龄无精或死精的种公羊，应及时淘汰。同时幼龄种公羊应坚持运动，每天1～2小时；经常刷拭，每天1次；定期修蹄，每季度1次。种公羊10月龄时可适量采精或交配，在采精初期，每周采精最好不要超过2次；1岁时可正式投入采精生产，每周采精4次左右；若饲养条件好且种公羊体质好，每周的采精次数可适当增加。总之，对种公羊应耐心调教，和蔼待羊，驯养为主，防止恶癖。

65. 育成羊如何饲养管理?

育成羊指断奶到第一次配种的羊（图6-6）。应保证供给育成羊足够的青干草、青贮饲料以及青绿多汁饲料，同时每天要补给混合精饲料150～250克。对种用羊应公、母分群，按种用标准饲养。母羊初配体重应达到成年体重的70%。

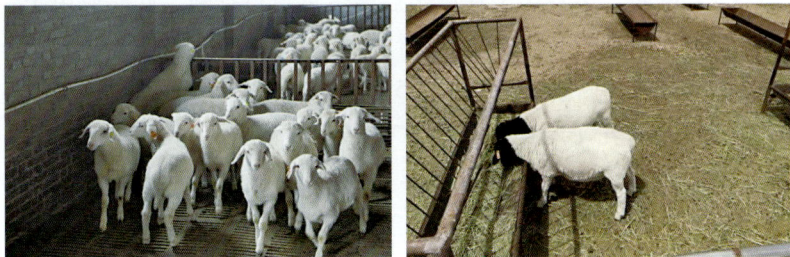

图6-6　育成羊

应分别在3月龄、6月龄和1周岁时对育成羊进行称重，将不符合种用标准的羊转入肥育舍进行育肥。此外，应使育成羊自由饮水，加强运动，饲养员应做好圈舍卫生，按时防疫。

66. 初生羔羊如何护理？

初生羔羊是指从出生到脐带脱落这一时期的羔羊。脐带一般是在出生后的第二天开始干燥，6天左右脱落。

视频9

（1）清除羔羊口、鼻腔黏液　羔羊产出后，应迅速将其口、鼻、耳中的黏液抠出，让母羊舔净羔羊身上的黏液（图6-7）。如母羊不舔，可在羔羊身上撒些麸皮进行引诱。该行为的作用是增进母子感情，促使母羊产生催产素，以利于胎衣排出。

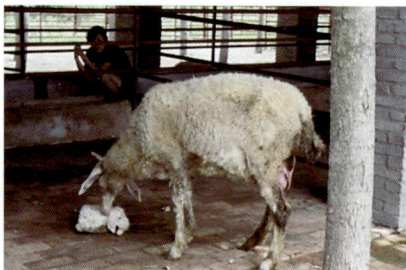

图6-7　母羊舔净羔羊身上的黏液

（2）断脐　多数羔羊在产出后脐带可自行扯断，此时应用5%的碘酒消毒脐带断端。脐带未自行扯断时，可在距腹部3～5厘米处向腹部挤血并撕断脐带，再用5%碘酊充分消毒断端（图6-8）。

（3）喂初乳　产羔完毕后，剪掉母羊乳房周围的长毛，用温水或高锰酸钾溶液消毒乳房并弃去最初的几滴乳汁，待羔羊自行站立后，辅助其吃上初乳，以使羔羊获得营养与免疫抗体（图6-9至图6-11）。应保证羔羊在出生后30分钟内吃上初乳。

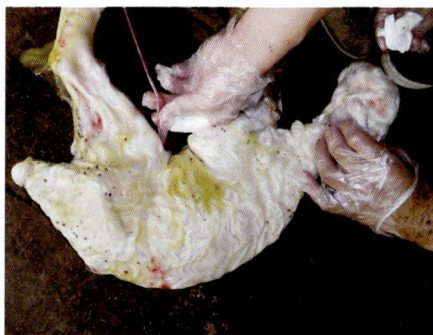

图6-8　羔羊断脐

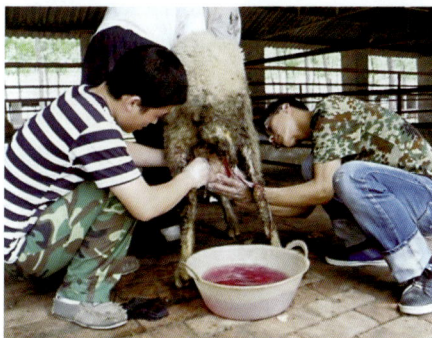

图6-9　清洗母羊乳房

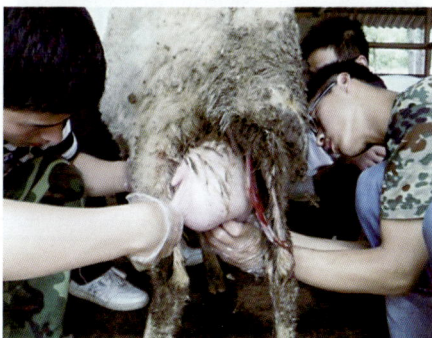

图6-10　挤出初乳

图6-11 辅助羔羊吃上初乳

（4）称重 对吃完初乳的羔羊进行称重并记录（图6-12）。

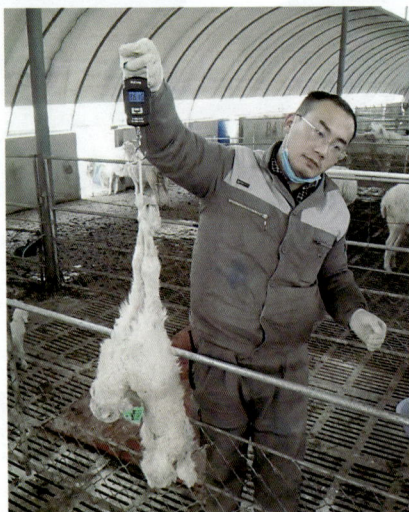

图6-12 羔羊称重

67. 羔羊假死如何处置？

初生羔羊假死亦称新生羔羊窒息（图6-13），其主要特征是刚产出的羔羊发生呼吸障碍，或无呼吸而仅有心跳，如抢救不及时，往往死亡。表现为羔羊横卧不动，闭眼，舌外垂，口色发紫，呼吸微弱甚至完全停止；口腔和鼻腔积有黏液或羊水；听诊肺部有湿啰音，体温下降。严重时全身松软，反射消失，只是心脏有微弱跳动。

羔羊假死的急救方法：应即刻将羔羊倒提，轻拍其胸腹部，刺激呼吸反射，促进其排出口腔、鼻腔和气管内的黏液和羊水（图6-14）；擦干羊体，将羔羊浸在40℃左右温水中，使头部外露（图6-15）；在温水中，稍停留之后，取出羔羊，用干布迅速摩擦其身体，用毡片或棉布包住羔羊全身；使羔羊的口张开，用软布包裹舌部，每隔数秒钟把舌头向外拉动1次，使其恢复呼吸动作；待羔羊恢复后，放在温暖处进行人工哺乳。同时可注射尼可刹米、洛贝林或樟脑水0.5毫升。也可通过将羔羊四肢向腹部来回伸缩的方法对羔羊进行急救（图6-16）。

图6-13　羔羊假死

图6-14　倒提拍按胸部急救法

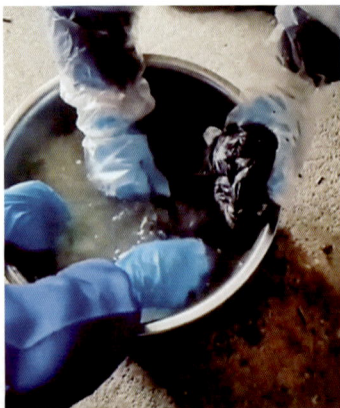

图6-15　将羔羊浸入温水中

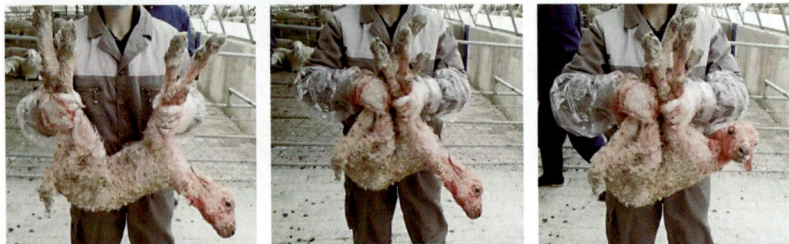

图6-16　伸缩急救法

68. 羔羊如何去角？

羔羊去角是对舍饲羊进行饲养管理的重要环节。羊角容易导致创伤，不便管理。羔羊一般在出生后7～10天去角，此时去角对羊的损伤最小。有角的羔羊出生后，角蕾部呈漩涡状，触摸时有一较硬的凸起。去角时，先将角部的毛剪除，剪的面积要稍大些（直径约3厘米）。常用去角方法有烧烙法和化学法。

（1）烧烙法　先将烙铁于炭火中烧至暗红（亦可用约300瓦功率的电烙铁），然后对保定好的羔羊的角基部进行数次烧烙，每次烧烙的时间不超过1秒，当表层皮肤被破坏，并伤及角质组织后即可结束，最后对术部进行消毒（图6-17）。

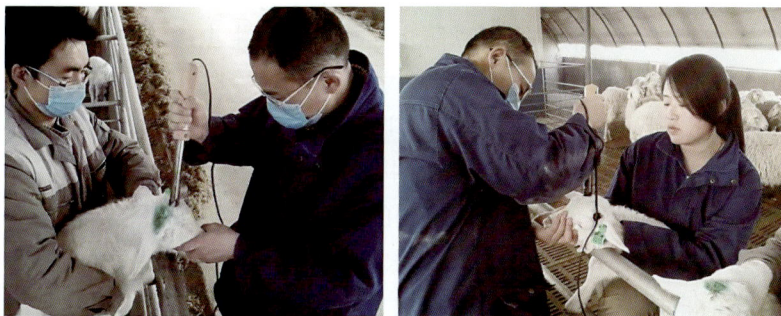

图6-17　烧烙法去角

（2）化学法　是用棒状氢氧化钠（苛性碱）在角基部摩擦，以破坏其皮肤和角质组织（图6-18）。术前应在角基部周围涂抹一圈医用凡士林，以防止碱液损伤其他部位的皮肤。操作时用力应先重后轻，将表皮摩擦至有血液渗出即可，摩擦面积要稍大于角基部。术后应将羔羊后肢适当捆绑（松紧程度以羊能站立和缓慢行走即可）。由母羊哺乳的羔羊，在去角之后的半天以内应与母羊隔离；哺乳时，也应尽量避免羔羊将碱液沾染到母羊的乳房上而造成损伤。去角后，可在伤口上撒少量的消炎药。

图6-18　化学法去角

69. 羔羊如何断尾？

保持羊毛的清洁，可以防止羔羊发生寄生虫病。羔羊出生后1周左右即可断尾。羔羊身体瘦弱或天气过冷时，断尾时间可适当推迟。断尾最好在晴天的早上进行，不要在阴雨天或傍晚进行。羔羊断尾方法主要有热断法和结扎法。

（1）**热断法** 需要一个特制的断尾铲和两块20厘米见方的双面覆铁皮的木板。在其中一块木板的下方凿一个半圆形的缺口，断尾时把羊尾正压在半圆形的缺口内。这块木板不但可以压住羊尾，而且在断尾时可以防止灼热的断尾铲烫伤羔羊的肛门和睾丸。另一块木板在断尾时衬在板凳上，以免烫坏板凳。断尾时需两人配合，一人保定羔羊，另一个人在离尾根4厘米处（第3、4尾椎间），用带有半圆形缺口的木板把羊尾紧紧压住，再将灼热的断尾铲放在羊尾上稍微用力往下压，即可将羊尾断下。也可用电热断尾钳给羔羊断尾（图6-19）。

图6-19 电热断尾钳

（2）**结扎法** 用橡皮筋在第3、4尾椎之间进行包扎，断绝血液流通，下端的羊尾经10天左右即可自行脱落。此方法的断尾时间不宜过短，否则不利于止血。断尾后若伤口仍出血，可进行烧烙止血，然后用碘酊消毒（图6-20）。

确认断尾部位

尾部剪毛

固定断尾绳

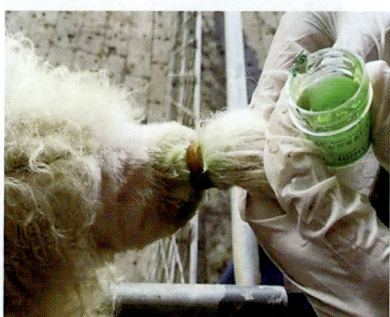
尾部消毒

图6-20　结扎法断尾

70. 冬季如何给羔羊保暖？

对于秋、冬季节出生的羔羊，在哺乳阶段应做好保暖工作，可以应用加热板（图6-21）、保温箱（图6-22）、取暖灯（图6-23）等设备。

图6-21　加热板采暖

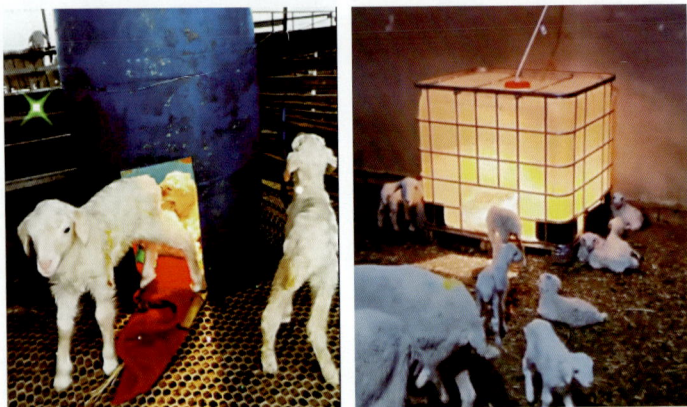

图6-22　保温箱采暖

图6-23　取暖灯采暖

71. 羔羊如何饲养管理？

羔羊是指从出生到45日龄断奶的幼龄羊。此阶段的饲养管理主要是保证羔羊及时吃上初乳、吃足常乳；提早补饲，10日龄开始采食；防寒防湿，通风保暖；加强运动，增强羔羊体质。

视频10

（1）饲养　羔羊出生后7天内（初乳阶段）要尽量通过辅助哺乳或人工哺乳的方式，使其吃足初乳（图6-24、图6-25）。羊羔至少每天早、中、晚各吃一次奶，同时要做好肺炎、肠胃炎、脐带炎和羔羊痢疾的预防工作。

图6-24　羔羊辅助哺乳

图6-25　羔羊人工哺乳

　　羔羊1周龄至断奶前（常乳阶段）最好能在早、中、晚各吃一次奶。采用代乳料对羔羊进行补饲（图6-26），使其自由采食，并保证饮水清洁、充足。

图6-26　羔羊补饲

（2）管理　做好圈舍卫生，及时对周围环境及用具进行消毒。羔羊出生后20天内，可在运动场或羊圈周围自由活动，20天以后可组成羔羊群外出活动。羔羊每天饮水2～3次，水槽内应经常有清洁的水，水温不低于8℃。绵羊羔羊在出生后10天内，进行断尾。尽早补饲，当羔羊习惯采食饲料后，饲喂的饲料要保证多样化、营养全面、易消化，饲喂时要做到少喂勤添，以及定时、定量、定点。同时要做好免疫注射。15日龄以内的羔羊在秋冬季节应注意保暖。

（3）鉴定　是对羔羊的初步挑选。应尽早获得种公羊的后裔测验结果，以确定其种用价值。经初步鉴定，可把羔羊分为优、良、中、劣四级。挑选出来的优级个体，可用母子群的饲养管理方式加强培育。

（4）断奶　当绵羊羔羊体重超过15千克、山羊羔羊体重超过12千克，同时精饲料日补饲量超过200克时，45日龄即可实施断奶，断奶前采用羔羊开口颗粒熟化饲料进行补饲。羔羊在出生后10天内开始训练采食，最好采用颗粒代乳料，任其自由采食。

72. 什么是"1+10+100"肉羊家庭生态牧场?

"1+10+100"肉羊家庭生态牧场即1个家庭、10亩*地、100只能繁母羊,主要针对黄淮海农区而设计。其通常采用"草羊蔬"生态养殖模式,即人工牧场+羊+蔬菜大棚(图6-27)。

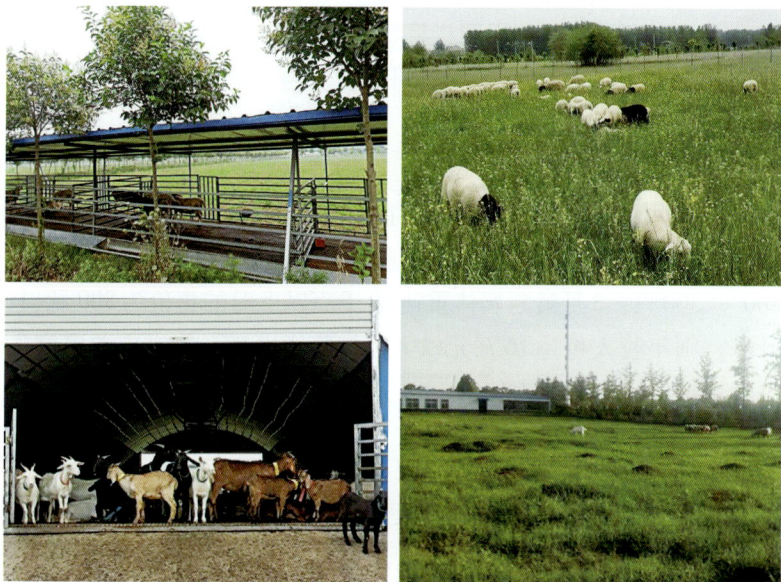

图6-27 肉羊家庭生态牧场

(1)人工牧场建制 通过利用紫花苜蓿、三叶草、多年生黑麦草、菊苣、饲料油菜和鸭茅等牧草的特征特性,结合土壤特性,以营养互补、习性互作为原则,对这些牧草进行分次混合播种,建制10亩地的人工混播牧场(图6-28)。每个牧场配备1个面积为200 ~ 400米²的蔬菜大棚式羊舍,该羊舍可同时实现供羊休息和种植蔬菜。

* 1亩≈667米²。

图6-28　人工混播牧场

（2）生产模式　利用围栏将牧场分为6～10块，采用轮牧制，每块牧场放牧3～5天，每月循环放牧一遍。放牧后对牧场进行浇水、施肥等维护。

（3）效益分析　土地租赁、牧场建设和100只繁育羊的一次性采购费用合计约20万元，每年肉羊的饲喂、保健以及牧场维护费用合计为3万～6万元。如果按照100只繁育羊年繁育羔羊200～300只、3月龄断奶体重达20千克以上时的售价为800元/只计算，则年收入可达16万元以上，扣除成本后，每个肉羊家庭生态牧场每年的纯收入达10万元以上。

73. 羔羊如何强度育肥？

羔羊强度育肥又称羔羊直线育肥，是指将断奶后的羔羊集中直接进行强度育肥（图6-29）。育肥羔羊主要来自种羊场不符合留

图6-29　羔羊强度育肥

视频11

种标准的羔羊、繁育场的断奶商品羔羊以及农户繁育的商品羔羊，年龄在45日龄至2月龄。断奶羔羊育肥前要完成疫苗注射、驱虫和药浴。育肥时加大精饲料的饲喂比例，经过100～150天的育肥，羔羊体重能达到50千克以上。羔羊强度育肥不分季节，可保证全年羊肉产品的稳定供应，常用于生产高档羔羊肉。

羔羊强度育肥的方式通常是集中舍饲育肥。饲料采用全混合粉碎饲料或全价颗粒饲料（图6-30），按饲养标准配制日粮，进行科学的饲养管理，精饲料占日粮的60%以上，随着精饲料比例的增加，羔羊的育肥强度加大。但应逐渐增大精饲料的比例，以防羔羊因采食过多精饲料而引起羊肠毒血症，或因钙磷比例失调而引起尿石症。育肥期间，羊舍应保持干燥、通风、安静和卫生。

图6-30　饲喂全价颗粒饲料的羔羊强度育肥

74. 架子羊如何异地育肥？

架子羊异地育肥是指对牧区和半牧区繁育的商品羔羊或成年羊，经过异地运输到达农区，利用当地的秸秆资源和精饲料优势，进行短期的强度育肥。目前，育肥羊的主要来源为内蒙古和青藏牧区，青藏牧区的品种主要以藏羊为主，内蒙古牧区主要为蒙古羊、蒙寒杂交羊、绒山羊。育肥地集中在山西怀仁市、河北唐县、山东盐窝镇、河南确山县等地。育肥主体为企业或养羊大户，育肥规模从几百只到几万只不等，育肥方式通常是集中舍饲育肥，育肥期通常为60～100天。

（1）育肥前准备　育肥前准备好圈舍和饲草饲料。羊舍要求冬暖夏凉、清洁卫生、平坦高燥，圈舍大小按每只羊占地面积为0.8～1.0米^{2}计算，北方地区应推广使用塑料暖棚养羊技术。育肥羊的饲料种类应多样化，尽量选用营养价值高、适口性好、易消化的饲料，主要包括精饲料、粗饲料、多汁饲料、青饲料，还需准备一定量的微量元素添加剂、维生素、抗菌素添加剂以及食盐等，粉渣、酒糟、甜菜渣等加工副产品也可以适当选用。

（2）育肥羊选择　品种对育肥效果有着直接的影响，目前，以小尾寒羊和专门化肉羊杂交改良商品羊育肥效果最佳，采用强度育肥，育肥期短，6月龄体重达30千克左右的公羔经过100～120天的育肥，体重可达60千克以上。对成年架子羊，育肥时间通常在60～80天。挑选育肥羊时应根据其瘦弱状况、性别、年龄、体重等分群分类。

（3）育肥羊异地运输　运输前要做好充分准备，运输过程中要尽量让羊舒适安静，以减少损失。装车前6小时应适量饲喂，充足饮水，饮水中加入复合多维等抗应激物质。羊在运输前，当地动物防疫监督机构应根据国家有关规定进行检疫，办理产地检疫和过境检疫及其相关手续，出具检疫证明（图6-31）。

运输车辆在运输前应用消毒液彻底消毒。应先在装羊的车厢内铺一层秸秆，或在箱板上撒一层干燥的沙土然后进行装车（图6-32），以防止羊在运输过程中因滑倒而相互挤压致死。

运输前应选好行车路线，尽量选择道路平整、离村落较近的线路，以便遇到特殊情况及时处理。同时应检查运输车辆的车况，

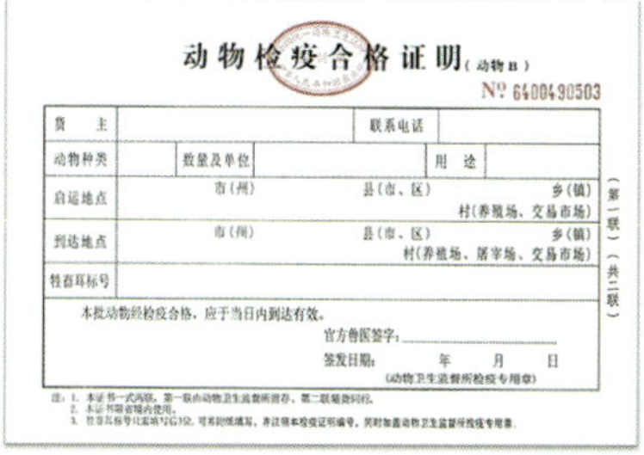

纸制检疫证   电子检疫证

图6-31 检疫证明

图6-32 羊的装车

办理相关手续，安装高栏，防止羊跳车；准备苫布以备雨雪天使用；根据路程准备充足的草料及水盆、料盆等器具；携带少量消炎止痛药及抗生素类药物。押车人员要经常检查车上的羊（图6-33），发现羊怪叫、倒卧要及时停车，将其扶起并安置到不易被挤压的角落。卸羊时要防止车厢板与车厢之间的缝隙夹断羊腿，最好将车辆靠近高台处后再卸羊，以防止羊跳车

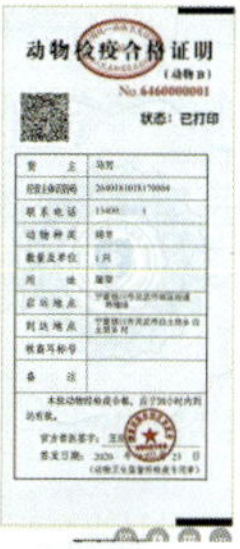

图6-33 及时下车检查

或挤压受伤（图6-34）。

卸羊时视车辆的高低需借助卸羊台，卸下之后不能立即喂羊饲料，应使其适量饮水，饮水中加入复合多维。12小时后，适当饲喂羊全价日粮，喂量控制在1千克以内。48小时后开始正常饲喂。

图6-34　卸羊

（4）**育肥方法**　育肥前要进行剪毛、驱虫和防疫。育肥开始后，观察羊的表现，及时挑出伤、病、弱的羊，给予治疗并改善管理条件。根据饲料制作方法不同，饲喂的饲料分为全价混合饲料和全价颗粒饲料，同时让羊自由饮水。

采用全价混合饲料饲喂时，应根据羊的生长发育阶段，将粗饲料、精饲料及饲料添加剂等成分用混合设备充分粉碎、混匀，再倒入料槽中饲喂，每天饲喂2次。小规模育肥羊场在育肥过程中使用花生秧等饲草供羊自由采食，其间补饲2次精饲料（图6-35）。采用全价颗粒饲料饲喂时，可将饲料倒入料槽中或饲料罐中饲喂，饲料罐饲喂可不限量自由采食。羊全价颗粒饲料有利于规模化育肥，方法是把羊每天所需要的各种饲料，通过颗粒饲料机加工成颗粒饲料后喂羊，可以减少粗饲料的浪费，提高养羊效益，减少饲养员的工作量，使整个饲养流程实现机械化管理，每个饲养员可以饲养2 000只羊以上（图6-36）。

图6-35　小规模育肥

图6-36　规模化颗粒饲料育肥

（5）育肥注意事项　首先要做好羊舍环境卫生，羊舍、场地及用具应保持清洁、干燥，每天坚持清除圈舍、场地的粪便及污物。加强消毒工作，冬季每月消毒1次，春、秋季每半个月消毒1次，夏季每周消毒1次。育肥前后均要空圈一段时间，并彻底消毒。要有针对性、有组织地做好疫苗的免疫接种，及时预防和控制传染病的发生（图6-37）。育肥羊引进后要及时驱虫，防止因感染寄生虫而导致羊生长延缓、消瘦等。

图6-37　育肥羊免疫接种

75. 育肥羊尿结石如何防治？

尿结石是多见于公羔的一种代谢性疾病，起因常为日粮中钙磷比例失调。病羊早期症状有不排尿，腹痛，不安，紧张，踢腹，多有排尿姿势，不停起卧，甩尾，离群，拒食。病程5～7天或更长。

有的病羊表现排尿困难，频频做排尿姿势，叉腿，弓背，缩腹，举尾，阴户抽动，努责（图6-38），嘶鸣，线状或点滴状排出混有脓汁和血凝块的红色尿液。当结石阻塞尿路时，病畜排出的尿流变细或因无尿排出而发生尿潴留，膀胱挤满尿液（图6-39）。

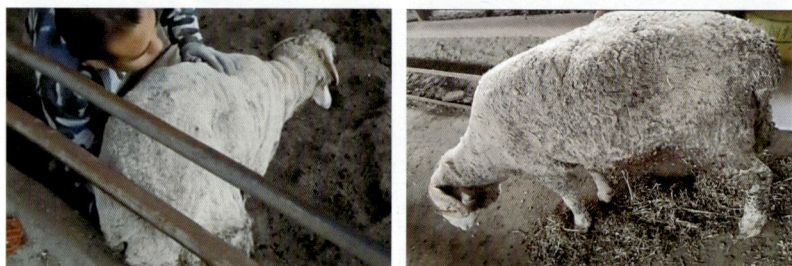

图6-38　排尿努责

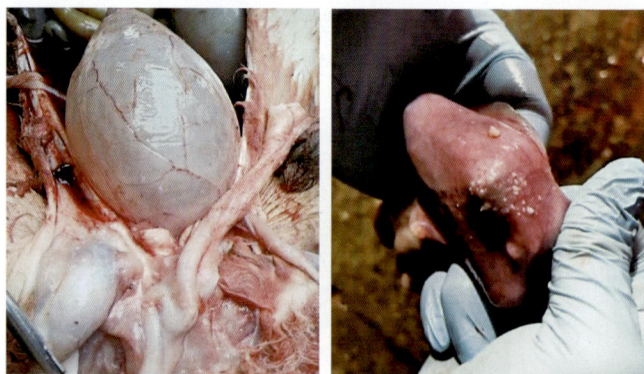

图6-39　膀胱挤满尿液，内部有结石

因阻塞部位和阻塞程度不同，病羊的临床症状也有一定差异。根据不安、踢腹、后肢踏地、多有排尿姿势等症状确诊。

治疗应找出结石部位，直接采用尿道手术取出结石（图6-40）。大群发病时，停食24小时，30千克活重的羔羊每只每天口服氯化铵7～10毫克，连服7天，必要时适当延长给药时间。日常饲养时注意：配合日粮遵循2∶1的钙磷比；食盐用量加大至1%～4%，刺激羔羊多饮水，减少结石的生成；饮用足够的温水；补喂占精饲料2%的氯化铵，可以预防尿结石的形成，但有咳嗽的副作用，有时甚至可引发直肠脱出；日粮中加入足量的维生素A。

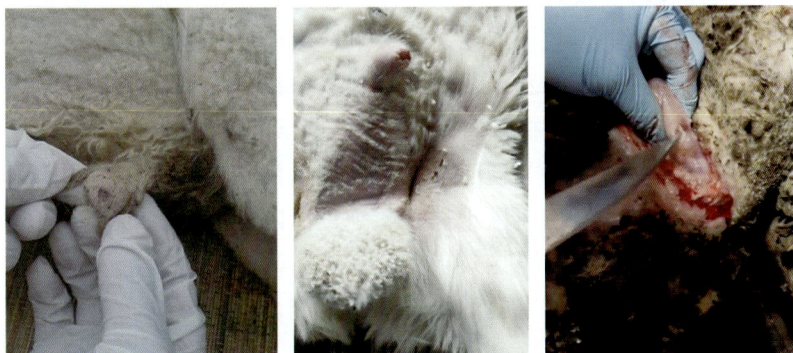

图6-40　尿结石手术

76. 高温、暴雨等灾害天气如何应对？

羊耐寒怕热、喜干厌湿。当夏、秋季高温和强降雨天气频繁时，不仅会对养羊生产造成较大影响，也会增加疫情风险（图6-41）。

图6-41 暴雨造成羊大量死亡

（1）制定灾害预防措施

①增强灾害预防意识　积极关注天气预警，遇到强降雨、大风天气预警时，及时检查羊场、羊舍的防水、排水情况，防止羊被雨水淋泡。牢记救援电话，积极响应政府号召，加强防洪应急培训，增强灾害预防意识。养羊场要严格执行每日值班制度，值班人员保持24小时手机畅通，并制定灾害天气预防措施。

②合理规划设计羊场　羊场选址应尽量高燥，选择背风向阳区域建场。羊舍保持通风干燥，屋顶进行隔热处理。遇到高温天气要科学降温，羊舍隔热效果差时安装防晒网或搭盖遮阳物，避免羊被阳光直射。采用电扇等工具促进圈舍内的空气流动，加强通风。

③科学饲养管理　调整饲料配方，提高日粮能量浓度，添加复合多维等抗应激功能添加剂。合理饲喂，选择在早晚相对凉爽的时间饲喂。保障饮水，确保饮水新鲜、清洁，可适量加入食盐、复合多维等以维持羊体内的酸碱平衡，并增加其食欲。加强日常管理，绵羊应及时剪毛，每年在3、6、9月进行3次剪毛；剪毛后的10～15天内，应及时组织药浴，以防疥癣病的发生；及时驱虫，每年至少在春、秋季进行2次驱虫。

④做好日常消毒和安全防护　羊舍、羊圈及用具应保持清洁、干燥，每天清除粪便及污物，并将粪污堆积制成肥料。饲草保持

清洁、干燥，防止发霉腐烂，同时饮水要清洁。清除羊舍周围的杂物、垃圾，填平死水坑，消灭鼠、蚊、蝇。

⑤做好免疫预防工作　根据羊场的疫病流行特点，结合当地实际情况，科学制定疫病免疫规划。做好羊痘、羊传染性胸膜肺炎、小反刍兽疫、口蹄疫和梭菌病等疫病的免疫和防治。高热、高湿环境易导致羊在疫苗免疫时发生应激反应，要严格按照疫苗说明书进行接种。

（2）灾害紧急应对措施

①羊群中暑应急措施　羊中暑的主要表现为精神倦怠，头部发热，步态不稳，四肢发抖，呼吸困难，鼻孔扩张，体温升高，黏膜充血，眼结膜变为蓝紫色，瞳孔最初扩大之后收缩，全身震颤，昏倒在地，多在几小时内死亡。一旦有羊发生中暑，应迅速将其移至阴凉通风处，用水浇淋羊的头部或用冷水灌肠降温。

②水灾应急措施　开展圈舍监测与巡视，当发现有一时难以修复但仍有倒塌危险的栏舍时，应将羊群迅速转移至干燥和安全的地带。圈舍要加强通风换气和增加垫料，待舍内清洁干燥后再转入羊群（图6-42）。

图6-42　发生水灾时的羊群救助

（3）灾后注意事项　灾后一方面要积极配合地方政府，做好灾后的恢复生产工作；另一方面要充分发挥自身能动性，做好灾后自救。

①做好环境的安全控制　对洪水淹过的羊舍、泥土、粪便及各种污物，进行清扫、冲洗和消毒，确保不留死角。疏通排水通道，排除羊场及舍内积水。加强羊舍通风换气，降低舍内湿度，保持良好的环境。迅速清除受淹圈舍内溺死的动物尸体及场区内的污泥和粪便，加强灭蝇、灭鼠和驱虫工作，减少疫病传播途径（图6-43）。

②及时处理霉变饲草料，防止饮水污染　尽快检查库房内储存的饲草料及青贮池内的青贮饲料，对霉变饲草饲料及饲料原料要做销毁处理。增加饲料中的维生素含量或添加微生态制剂，以增强羊的抗应激能力。保证饮水清洁，对水源采取防倒灌措施，防止雨水倒灌，污染井水。必要时可选择效力强、毒性小、无残留的消毒剂对饮水进行消毒。

③做好环境的卫生消毒　加大消毒剂的使用浓度和频率，圈舍可每周带羊消毒3～4次，环境至少每周消毒2次。在羊场内及其周围环境中以及蚊蝇滋生的场所喷洒杀虫剂，及时清除积水或填土覆盖。一旦发生疫情，应增加消毒频率，并对消毒效果进行监测。所有进入羊场的车辆，必须经过清洗、消毒和烘干，确保车辆表面温度达60℃，烘干时间在30分钟以上。

图6-43　疫情消杀

④做好灾后防疫监测 加大疫病监测频次，一旦发现重大动物疫情，立即按程序报告，并尽早采取隔离、清除、消毒等措施，防止疫情扩散。加强免疫抗体监测，确保达到群体免疫效果，及时淘汰不健康的羊，提升羊群免疫力和健康水平。在对病死、淹死羊进行无害化处理时，要按照要求穿戴好防护服、口罩并勤洗手。做好炭疽、链球菌病、布鲁氏菌病等人兽共患病的防控工作，发现疑似病例应立即向所在地农业农村主管部门或者动物疫病预防控制机构报告。

77. 养羊如何组织管理与考核？

（1）组织管理 企业的组织架构就是一种决策权的划分体系以及各部门的分工协作体系。组织架构需要根据企业总目标，把企业管理要素配置在一定的方位上，确定其活动条件，规定其活动范围，形成相对稳定和科学的管理体系。在现代企业组织结构中，尤其是养羊企业中，通常是金字塔式管理和扁平化管理共存。因此，羊场组织架构多数以事业部加扁平化形式体现（图6-44）。

图6-44 羊场事业部加扁平化形式组织构架示意

对羊场来说，通常主要包括项目发展规划、生产技术、行政、人事、后勤、购销和财务等部门，应该根据养羊企业的规模合理地设置部门。

①市场部　又称购销部，主要负责羊及耗材、物品的采购和销售，该部门是一个养羊企业中营销组织架构的重要组成部分，在企业运营中具有重要的作用。

②生产技术部　是养羊企业的核心，负责饲料生产加工、羊的饲养管理、档案统计管理、生产技术执行等工作，可以说生产技术部决定着整个养羊企业的效益（图6-45）。羊的饲养管理通常以5 000只繁殖母羊作为一个生产单元，配备技术员、饲养员。

图6-45　生产技术部业务内容

③行政部　主要负责行政、人事和后勤的相关工作。其中，行政工作主要是维护场区的生产安全、接待等；人事工作主要是人员的招聘、考勤、工资核发等；后勤工作主要是负责全体人员的餐饮、住宿、车辆管理等（图6-46）。

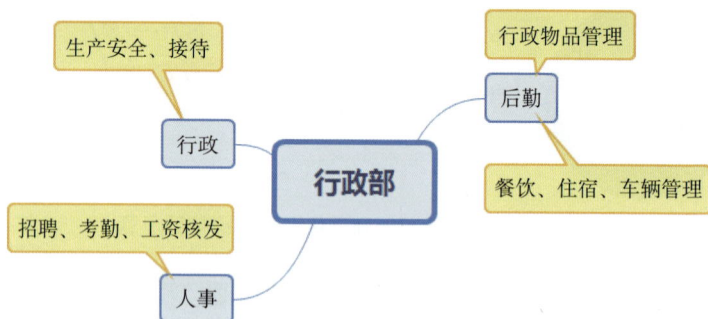

图6-46　行政部业务内容

④财务部　主要服务于生产，拥有从融通（筹资管理）到现金运营（财务管理）再到资本运作（投资管理）三项职能。

⑤投资发展部　又称项目发展规划部，主要负责养羊企业的项目可行性研究、投资发展研究等方面的工作，为企业进行项目投资决策提供依据。

（2）考核指标　养羊企业应建立完善的生产激励机制，对一线生产员工进行生产指标绩效管理，实现效益指标化。规模化羊场最适合的绩效考核奖罚方案应是以每栋羊舍为单位的生产指标绩效工资方案。

①断奶羔羊数　是繁育羊场考核的核心指标，也是羊的饲料营养、饲养管理、繁殖技术、疫病防控技术的综合体现，反映了羊场的整体生产水平。例如，按照 5 000 只湖羊或小尾寒羊繁殖母羊作为一个生产单元，年平均断奶羔羊数在 10 000 只左右，以每只羔羊 30 ～ 50 元进行绩效奖励。

②饲料消耗量　不同品种羊的饲料消耗量有所差别，但对于同一品种，应按照正常年的饲料使用量核算成本。羊饲料消耗费用的超出部分，通常按照公司承担 50%，生产管理绩效承担 50% 分配；饲料的结余部分同样按照 50% 结余到公司，50% 作为绩效进行分配。

③成年羊死淘数　羊场正常运营过程中，每年按照 20% 进行羊群的更新，即 5 000 只规模羊场每年更新淘汰 1 000 只羊。因饲养管理原因造成的淘汰，按照 100 元/只从生产管理绩效中扣除；因饲养管理原因造成的死亡，按照 200 元/只从生产管理绩效中扣除。

④羊保健费用　按照成年羊每年 30 元/只、羔羊每年 10 元/只核算保健费用。成年羊的保健费用主要包括疫苗费用、剪毛费用、药浴费用、驱虫费用等；羔羊的保健费用主要包括疫苗费用和驱虫费用等。羊保健费用的超出部分，通常按照公司承担 50%，生

产管理绩效承担50%分配；结余部分同样按照50%结余到公司，50%作为绩效进行分配。

⑤育肥羊增重数　指羊从断奶到出栏的体重增加数量。育肥羊增重数反映了育肥羊的饲养管理水平和饲料的育肥效果。对增重部分除扣除饲养管理成本外，按照5%作为绩效奖励。正常饲养管理过程中，因饲养管理原因造成的淘汰，按照100元/只从生产管理绩效中扣除；因饲养管理原因造成的死亡，按照200元/只从生产管理绩效中扣除。

⑥育肥羊料重比　料重比是指饲养过程中饲料的消耗量和增重之间的比例，是评价饲料报酬的一个重要指标，也是编制生产计划和财务计划的重要依据。料重比高说明羊的饲料消耗多，但增长的肉少；反之，则说明羊的饲料消耗少，但增长的肉多。通常，肉羊早期料重比相对较低，后期料重比逐渐升高，当饲料消耗成本接近活羊成本时，就要及时出栏。

78. 养羊效益如何计算？

羊分为种羊、繁育羊和育肥羊三大类。种羊企业的效益受品种、销售、管理等多种因素的影响，差异较大；繁育羊主要是为社会提供商品育肥羊；育肥羊则是为屠宰场提供商品肉羊。围绕中部农区繁育羊和育肥羊的养殖成本，养羊效益大致的计算方式如下：

（1）繁育羊养殖效益分析　根据2022年10月的市场价格，计算如下：

①繁育母羊基础成本　按照60千克体重计算，每只母羊每年的养殖成本如表6-1所示。

表6-1 繁育母羊每年的养殖成本核算表

序号	项目			成本(元／吨)	60千克体重母羊日需要量(千克／天)		单价成本(元／天)	
					配方一	配方二	配方一	配方二
1	饲料	粗饲料	青贮	500	3	0	1.5	0
			黄贮	300	0	3	0	0.9
			干草	1 200	0.7	0.4	0.84	0.48
		精饲料		3 400	0.3	0.6	1.02	2.04
		饲料合计		天/只	4	4	3.36	3.42
				年/只	1 460	1 460	≈1 200	≈1 200
2	人工费用			400元/只(折合到每只母羊的人工费用)				
3	日常耗材	繁殖用耗材		30(元/只)	100元/只			
		兽药、疫苗、保健		30(元/只)				
		消毒药物等其他类		40(元/只)				
4	固定投资折旧	基础建设折旧		100(元/只)	300元/只			
		机械设备折旧		100(元/只)				
		羊只淘损,公羊损耗		100(元/只)				
	每只母羊合计			≈2 000元/只				

②家庭小规模繁育母羊 家庭成员养殖的繁育母羊规模为50～200只,所用饲料通常是利用自家及周边邻居的秸秆资源,其养殖成本如表6-2所示。

表6-2 家庭小群体繁育母羊每年的养殖成本核算表

序号	项目	单价成本	备注
1	饲料	1元/天 ≈400元	补充部分精饲料
2	人工	0	自己的劳动成本未计算在内
3	日常耗材	100元/只	
4	固定投资折旧	100元/只	劳动力代替设施设备
	每只母羊合计	≈600元/只	

正常繁育母羊年出栏断奶羔羊2只，按照每只45日龄断奶时的售价为800元，2只羔羊的销售收入就是1 600元，扣除成本，每只母羊年收入1 000元。结合劳动力身体状况，年龄55岁以上者可饲喂繁育母羊50只，年收入在5万元以上。平均每个家庭可以饲养200只繁育母羊，年收入可达20万元。

③企业规模化繁育母羊成本　对于企业，每只45日龄断奶羔羊的繁育成本在1 000元以上，只有繁育母羊年出栏断奶羔羊2只以上，每只羔羊的售价超过1 000元，才有利润。

繁育母羊的品种要求是多胎，保证年提供断奶羔羊2只以上，同时6月龄体重达到50千克以上。

（2）育肥羊养殖效益分析

①育肥羊养殖成本　羔羊体重分别按照20、30千克计算，每只育肥羊的养殖成本如表6-3所示。

表6-3　育肥羊养殖成本核算表

类别	羔羊成本（元）	饲料				人工（元/只）	日常耗材（元/只）	固定投资折旧（元/只）	羊只损耗（元/只）	成本合计（元/只）
		精饲料用量（千克）	精饲料成本（元/只）	粗饲料用量（千克）	粗饲料成本（元/只）					
20千克羔羊育肥	800	120	400	80	100	30	50	10	10	1 400
30千克羔羊育肥	900	100	320	70	100	30	50	10	10	1 420

②家庭小规模育肥羊成本　家庭小规模育肥按照500只（一车羊）计算，羊的成本一般高于40万元，需要通过专业羊经纪人采购，但这样成本会增加2万元以上；育肥羊精饲料成本同样增加500元/吨以上；由于技术原因，羊只损耗会增加到1%以上，综合

成本每只育肥羊增加约200元以上。按照育肥羊市场价格为28元/千克计算，每只羊的利润在50元以内。

③企业规模化育肥羊成本　规模化育肥通常在5 000只以上，每只羊的利润在100～300元，每年分2～3批次育肥，则5 000只规模育肥羊场年利润在100万～300万元。

育肥羊品种必须为专门化肉羊及其后代，6月龄体重不能达到50千克以上的品种不适合育肥。小体格湖羊、山羊品种均按照特色农产品销售。

七、羊场（舍）建设与设施设备

79. 羊场（舍）如何选址与布局？

羊场的场地应选择地势较高、干燥平坦、排水良好和向阳背风的地方，保证饲草饲料来源充足，水、电供应稳定，交通便利，符合国家、地方环保和土地使用政策，利于防疫（图7-1）。

图7-1　羊场场址

视频12

羊场分为生活管理区、辅助生产区、生产区和隔离区。其中生活管理区和辅助生产区应位于场区常年主导风向的上风处和地势较高处，隔离区位于场区常年主导风向的下风处和地势较低处（图7-2），场区内净道、污道不交叉，场区周围设围墙和绿化带等隔离设施。规模化羊场的布局如图7-3所示。

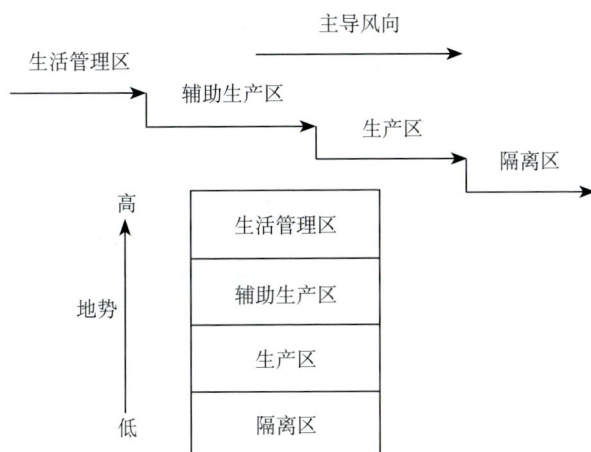

图7-2 羊场按地势、风向的分区规划

图7-3 规模羊场布局示意

  羊舍布局要合理。羊舍修建宜坐北朝南、东西走向。羊舍面积应保障每只母羊占地大于1.5米^2，每只公羊占地3.0米^2，每只育肥羊占地0.8米^2；同时按照羊舍面积2倍以上设运动场（图7-4）。

图7-4　羊舍布局

80. 羊舍如何建设?

羊舍类型主要有开放式羊舍（图7-5）和封闭式羊舍（图7-6），按照屋顶类型还分为单坡式和双坡式。中部农区羊舍类型多采用开放式双坡羊舍（图7-7）。羊舍地面要高出舍外地面20厘米以上，规模化羊场的羊舍多采用全自动清粪系统。羊舍高度要依据羊群大小、羊舍类型及当地气候特点而定。羊的数量愈多，羊舍愈高，以保证足量的空气，但过高则保温不良，建筑费用也高，一般羊舍高度为2.5米，双坡式羊舍净高（地面至顶棚的高度）不

图7-5　开放式羊舍示意

低于2米。单坡式羊舍前墙高度不低于2.5米，后墙高度不低于1.8米。羊舍墙面应设窗户，以利通风采光（图7-8）。南方地区的羊舍在建设时应首先考虑防暑防潮，然后考虑防寒，且羊舍高度应适当增加。

图7-6　封闭式羊舍示意

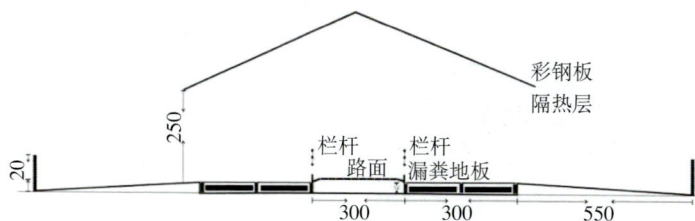

图7-7　开放式双坡羊舍剖面图（厘米）

图7-8　羊舍的通风采光

羊舍的基本构造包括：基础、地基、地面、墙、门窗、屋顶和运动场（图7-9）。地面常用漏粪地板，采用竹制、水泥制（图7-10）和钢化塑料等材质；常见全自动清粪系统（图7-11）包括刮粪机（图7-12）、传送带（图7-13）。

图7-9　羊舍的运动场

图7-10　水泥漏粪地板

图7-11　羊舍全自动清粪系统

图7-12　刮粪机

图7-13　传动带

81. 羊场配套设施设备有哪些？

羊场配套设施设备主要包括后勤保障设施设备、技术服务设施设备和生产管理设施设备等。

（1）后勤保障设施设备 主要包括水、电（图7-14）、路等设施设备，尤其是确保用水和排水顺畅的设施设备（图7-15、图7-16）。

图7-14 变压器

图7-15 储水罐

图7-16 道路排水系统

（2）技术服务设施设备 主要指实验室（图7-17），用于保障羊的疫病防控、兽医诊治等工作的正常开展，药品、试剂等的规范保存，以及人工授精的实施和羊场档案资料的保存。

图7-17 养羊生产实验室

（3）生产管理设施设备 主要包括饲料库（图7-18）、青贮池（图7-19）或青贮塔（图7-20）、堆粪棚（图7-21）、无害化处理设备（图7-22），以及生产配套设施设备如地磅（图7-23）、羊装卸台（图7-24）。青贮池应在羊舍附近修建，必须做到严密不透气、不透水，不能靠近水塘、粪池，以免污水渗入青贮池。地下或半地下式青贮设施的底面，必须高于地下水位（约0.5米）。在青贮设施的周围挖好排水沟，以防地面水浸入，如有水浸入会使青贮饲料腐败。青贮设施的墙壁要平滑垂直，墙角要圆滑，有利于青贮饲料的下沉和压实，墙壁下宽上窄或上宽下窄都会阻碍青贮饲料的下沉，且易形成缝隙，造成青贮饲料霉变。此外，青贮设施必须做好防冻处理。

图7-18　饲料库

地上青贮池　　　　　　半地下青贮池　　　　　地下式青贮池

图7-19　青贮池

图7-20　青贮塔

图7-21　堆粪棚

图7-22　无害化处理设备

图7-23　地磅

图7-24　羊装卸台

82. 饲料加工与饲喂设备有哪些？

羊场饲料生产与利用设备包括饲草收割加工设备、饲料生产加工设备及饲喂设备。随着劳动力成本的增加和机械设备的自动化、智能化发展，羊场饲料生产与利用设备在快速提升。

（1）饲草收割加工设备　主要有饲草收割（图7-25）、裹包（图7-26）和除尘（图7-27）等设备，用于收储干草，制作青贮饲料等。

图7-25　饲草收割机

图7-26　裹包机

图7-27　除尘机

（2）饲料生产加工设备　主要用于加工混合饲料。目前，养羊主要采用TMR饲喂模式，随着机械化程度的提高，TMR混合机基本实现了从取料、混合加工到饲喂的一体化（图7-28）。农户小规模养羊通常应用小型铡草机（图7-29）、混合机，采用人工饲喂。

图7-28　TMR一体机

图7-29　小型铡草机

（3）饲喂设备　包括移动式传送带料槽（图7-30）、草料架（图7-31）、盐砖架（图7-32）以及专门用于饲喂羔羊的喂奶桶（图7-33）和补饲槽（图7-34）。

图7-30　移动式传送带料槽

图7-31　草料架

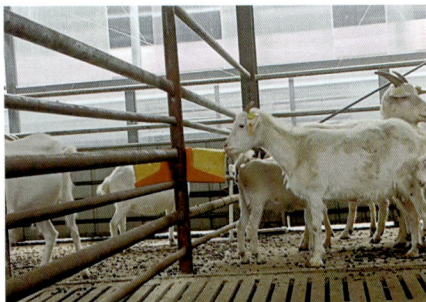

图7-32 盐砖架

图7-33 羔羊喂奶桶

图7-34 羔羊补饲槽

83. 环境控制配套设施设备有哪些？

环境控制配套设施设备主要包括防护设施和环境控制设备。

（1）防护设施　包括围墙、隔离带、场门和出入口。场区外围通常使用围墙进行隔离。场门通常分为车辆通道和人员通道，并配套相应的消毒防护设施设备（图7-35、图7-36）。

图7-35　车辆消毒通道

图7-36　人员消毒通道

场内可以设置围栏（图7-37）、绿化带（图7-38）等隔离设施。场区所有树木与建筑物外墙、围墙、道路边缘及排水明沟边缘的最小距离不应小于1米。绿化带周边种植乔木和灌木混合林带（即隔离林带），特别是场区外的北、西侧，应加宽这种混合林带（宽度达10米以上，一般至少种5行），以起到防风阻沙的作用。场区内的隔离林带主要用于分隔场内各区及防火，如在生产区及生活管理区的四周都应有这种隔离林带，其中间种乔木，两侧种灌木（种2～3行，总宽度为3～5米）。

图7-37　围栏隔离带

图7-38　绿化带隔离

（2）环境控制设备　主要包括粪污处理设备、环境消毒设备及污物无害化处理设备（图7-39至图7-41）。

图7-39　粪污处理设备

图7-40　环境喷雾消毒

图7-41　污物无害化处理设备

84. 大棚式羊舍如何建设？

　　大棚式羊舍不仅成本低、建设便捷，还有冬暖夏凉的效果，尤其适合家庭小规模养殖。羊舍面积可根据养殖规模而定，100只基础母羊的大棚建设面积在 $300 \sim 400$ 米^2。羊舍选择建在地势高的地方，内部配套羊床、水电及饲喂设施设备，以及饲养人员的宿舍。大棚式羊舍的构造如图7-42至图7-49所示。

图7-42　钢架

图7-43　覆盖隔热白膜

图7-44　覆盖黑白膜（防腐防晒）

图7-45　羊栏和羊床

图7-46　水电设施设备

图7-47 宿舍（左）和砖铺地面（右）

图7-48 料槽（左）和水槽（右）

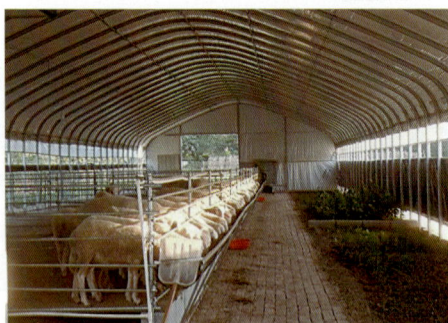

图7-49 建成后的大棚式羊舍

85. 什么是智慧养羊？

随着大数据、人工智能、云计算、物联网、移动互联网等技术的发展，环境调控、精准饲喂、疫病监测、产品溯源等信息化、智能化管理系统已广泛应用（图7-50）。

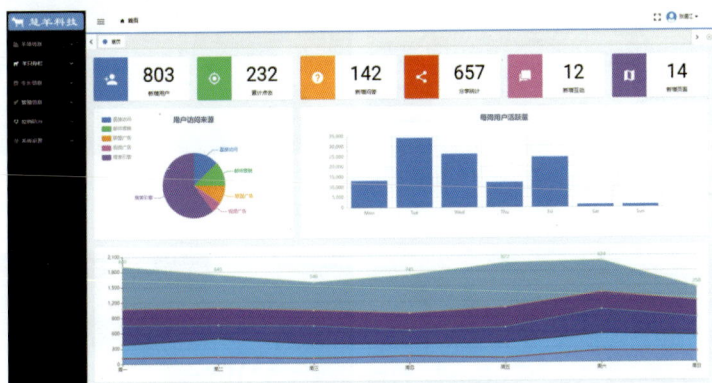

图7-50　羊场信息化管理系统

（1）环境调控技术　通过无线网络传感技术，对羊舍温湿度、空气质量等环境信息自动跟踪、监测与控制（图7-51）。

图7-51　环境调控技术

（2）精细化饲喂技术　根据肉羊的不同生长期，由检测系统、移动系统、控制系统和饲喂系统等组成的饲喂车，可以实现对肉羊的精细化定时定量饲喂（图7-52至图7-54）。

图7-52　羊饲料转化率自动检测系统

[图片来源：国家（天津）肉羊性能测定中心]

图7-53　机器人饲喂系统

图7-54　传送带饲喂系统

（3）**生产性能测定技术** 采用电子耳标及其识别系统、羊自动保定系统、机器视觉、3D测量、超声波检测等技术，实现羊的自动化生产性能测定和智能分栏（图7-55）。

图7-55 自动化生产性能测定和智能分栏
［图片来源：国家（天津）肉羊生产性能测定中心］

（4）**精细化管理技术** 包括羊舍自动化定期消毒系统、发情监测系统和产前监测系统等，可以实现羊舍的环境控制和生产管理的精细化。

（5）**羊群档案管理技术** 采用射频识别技术（RFID），结合耳标记录、扫描识别等数字化管理系统，可以实现羊场生产管理信息以数字化形式采集和记录（图7-56），形成电子管理档案。

图7-56 RFID数字化识别管理
［图片来源：国家（天津）肉羊生产性能测定中心］

八、羊的保健与生物安全

86. 如何进行生物安全防护和消毒？

羊病防控坚持"预防为主，防重于治"的原则，做好肉羊场的环境调控和卫生保健，制定有效的疫病防控方案。

（1）日常防护　羊场工作人员应定期进行健康检查，有传染病者不应从事饲养工作；场内兽医人员不应对外诊疗羊病及其他动物疾病，羊场配种人员不应对外开展羊的配种工作；防止周围其他动物进入场区；每天打扫羊舍，保持料槽、水槽等用具干净，地面清洁，并按时通风（图8-1至图8-5）。

视频 13

图8-1　保持羊舍环境卫生

图8-2　保持地面清洁

图8-3　保持水槽干净

图8-4　保持料槽干净

图8-5 按时通风

（2）**消毒** 是指运用各种方法消除或杀灭饲养环境中的各类病原体，减少病原体对环境的污染，切断疾病的传染途径，达到防止疾病发生、蔓延，进而控制和消灭传染病的目的。消毒类型分为预防性消毒和疫源地消毒，其中预防性消毒是指健康或隐性感染的羊群在没有被发现有传染病或其他疾病时，对环境、用具等进行的消毒；疫源地消毒是指对存在或曾经存在过传染病的场所进行的消毒。

①消毒剂 应选择对人和羊安全、无残留、不对设备造成损坏、不会在羊体内产生有害积累的消毒剂。常用消毒剂有百毒杀、聚维酮碘、过氧乙酸、生石灰、氢氧化钠、高锰酸钾、新洁尔灭、酒精和来苏儿等，其中聚维酮碘是最常用的消毒剂。

②消毒方法 羊场环境通常每周消毒1次（图8-6），羊舍每月消毒1～2次（图8-7）。消毒对象包括羊舍、饮水、空气、粪便和污水等。羊舍消毒一般从离门最远处开始，按墙壁、顶棚、地面的顺序喷洒一遍消毒剂，再从内向外将地面重复喷洒1次消毒剂，关闭门窗2～3小时后，再打开门窗通风换气，之后再用清水清洗饲槽、水槽及饲养用具等。水槽中的水应隔3～4小时更换1次，水槽和饮水器要定期消毒，为了杜绝疾病的发生，有条件者可用含氯消毒剂进行饮水消毒。空气消毒最简单的方法是通风，其次

是利用紫外线杀菌或甲醛熏蒸。羊场大门口应设置消毒池对车辆进行消毒（图8-8），消毒池长度不小于汽车轮胎的周长，一般在2米以上，宽度应与大门的宽度相同，深度为10～15厘米，内放2%～3%氢氧化钠溶液或5%来苏儿溶液和草酸。消毒液每周更换1次，北方地区在冬季可使用生石灰代替氢氧化钠。羊场大门口还应设消毒通道，对出入羊场的人员进行雾化消毒（图8-9）。粪便消毒通常有掩埋法、焚烧法及化学消毒法。污水一般可拌洒在粪便中堆积发酵，必要时可用漂白粉按8～10克/米^{3}搅拌均匀消毒。

图8-6　场区环境消毒

图8-7　羊舍消毒

图8-8　大门口车辆消毒

图8-9　人员出入雾化消毒

87. 如何给羊进行驱虫?

寄生虫会寄生在羊的体内和体表,从羊体获得所需营养,影响羊的生长发育,还会对羊体生殖系统造成侵害,使羊的繁殖力明显下降,降低羊附属产品的品质和质量,甚至造成羊的死亡,严重影响养羊的经济效益。个别种类的寄生虫还会对人体产生危害。常见的羊体外寄生虫有疥螨(图8-10)、蜱虫等,体内寄生虫有消化道寄生虫、肝片吸虫、脑包虫和血液寄生虫等(图8-11至图8-13)。

视频14

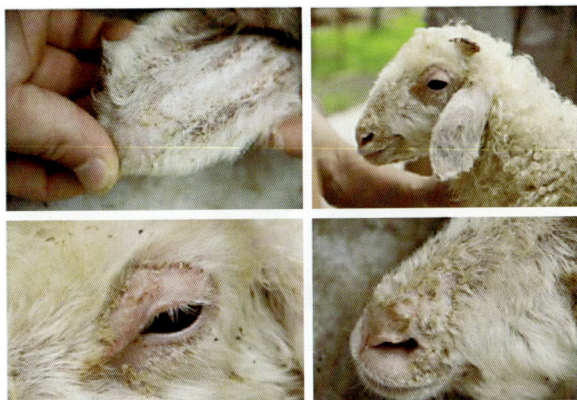

图8-10　羊感染疥螨症状

图8-11　羊瘤胃感染血矛线虫

图8-12　粪便中的绦虫节片

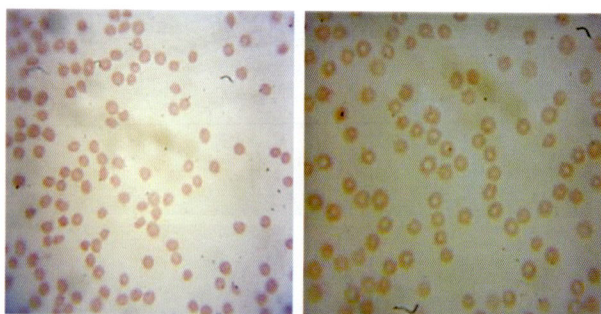

图8-13　血液寄生虫导致红细胞异常

　　寄生虫的防治主要通过药浴和驱虫，羊群正常每年驱虫2～4次，绵羊在剪毛后1周进行药浴和驱虫。常用驱虫方法为伊维菌素皮下注射＋左旋咪唑内服，或内服伊维菌素和左旋咪唑混合片剂、阿维菌素粉剂（图8-14）。对脑包虫、肝片吸虫高发区域应采用吡喹酮、硝氯酚等具有针对性的药物进行驱虫。血液寄生虫可采用三氮脒驱虫。

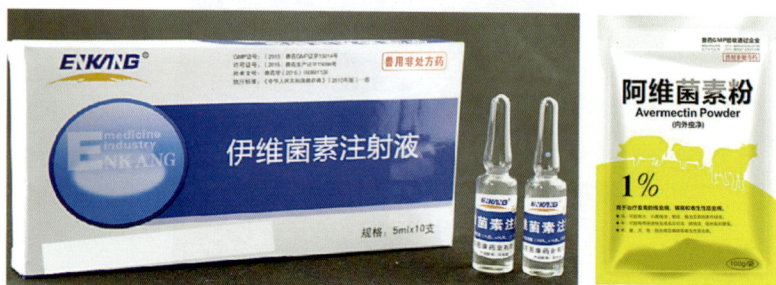

图8-14　常用驱虫药物

　　羊的驱虫是成群进行，在查明寄生虫的种类后，根据羊的发育状况和体质以及季节特点等用药。羊群驱虫应先做小群试验，当使用新的驱虫药或驱虫方法时更应如此，然后再对大群用药。驱虫工作应结合饲养管理，在断奶工作过程中将羊群公母分开、大小分开，如果羊场饲养的羊品种较多时，还必须按品种分开，做好标记后转入育肥（培育）舍；然后断奶后7～14天开始进行第一次驱虫保健，断奶后50～60天进行第二次驱虫保健。

88. 羊如何进行疫苗免疫？

（1）**羔羊免疫** 羔羊的免疫力主要从初乳中获得，在羔羊出生后1小时内，应保证其吃到初乳，出生2小时内应注射破伤风抗毒素（图8-15）。羔羊15～25日龄时进行三联四防、小反刍兽疫和羊痘疫苗的预防注射；30～35日龄进行羊传染性胸膜肺炎氢氧化铝菌苗的预防注射；35～40日龄进行口蹄疫疫苗的预防注射。对0.5月龄以内的羔羊，疫苗主要用于紧急免疫，一般暂不注射其他疫苗。

视频15

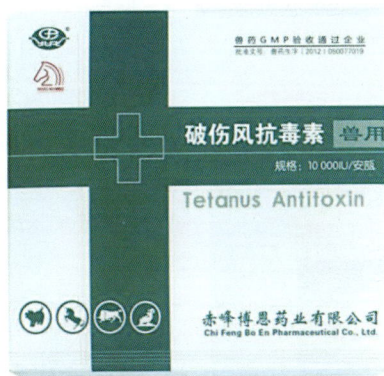

图8-15 破伤风抗毒素

（2）**成年羊免疫** 根据本地区常发生传染病的种类及当前疫病流行情况，制定免疫程序。春季免疫在2—3月进行，秋季免疫在9月进行。使用的疫苗主要包括三联四防（预防羊快疫、羊猝狙、羊黑疫和羊肠毒血症）灭活疫苗（图8-16）、羊痘疫苗（图

8-17)、羊传染性胸膜肺炎氢氧化铝菌苗（图8-18）、口蹄疫疫苗（图8-19）和小反刍兽疫疫苗（图8-20）5种。其中，小反刍兽疫和羊痘弱毒疫苗每年免疫1次；其他疫苗每年春、秋各免疫1次。羊痘疫苗需要在尾根部进行皮内注射（图8-21），其他疫苗均为颈部肌内注射（图8-22）。

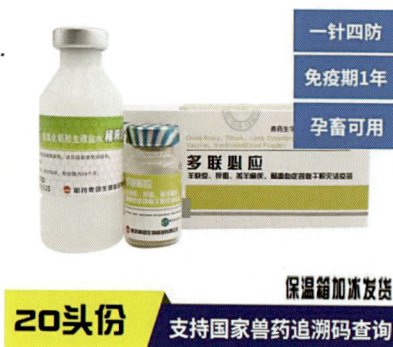

图8-16 三联四防灭活疫苗

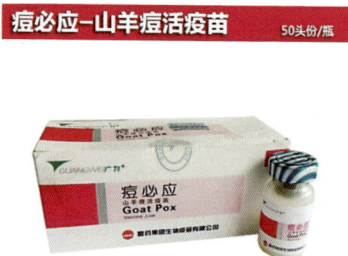

一瓶50头份（一瓶价）孕畜可用
一瓶稀释25毫升，无论大小，每头0.5毫升。
注射部位：尾巴根部无毛处（类似做皮试一样做个小水泡）

图8-17 羊痘疫苗

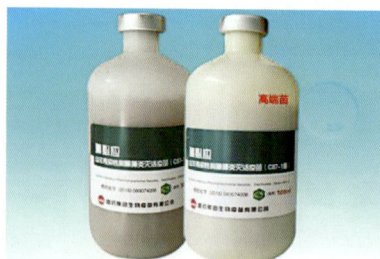

	肺必应普通	肺必应高端
包装	白色	米黄色
规格	100毫升	100毫升
接种对象	山羊	山羊、绵羊
用量	大羊5毫升、小羊3毫升	大羊3毫升、小羊2毫升
接种建议	日常预防免疫	紧急预防免疫
免疫效果	常规	含量高、免疫生效快

图8-18 羊传染性胸膜肺炎氢氧化铝菌苗

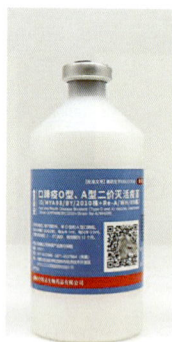

图8-19 口蹄疫疫苗

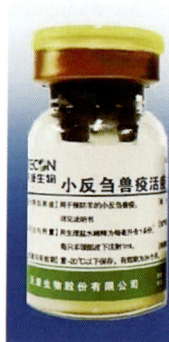

图8-20 小反刍兽疫疫苗

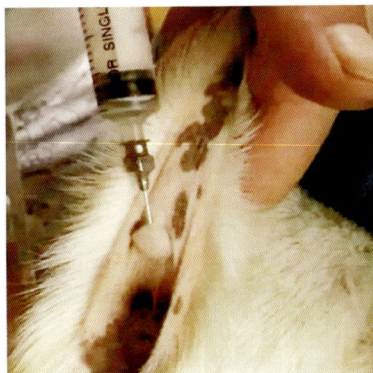

图8-21　尾根部皮内注射

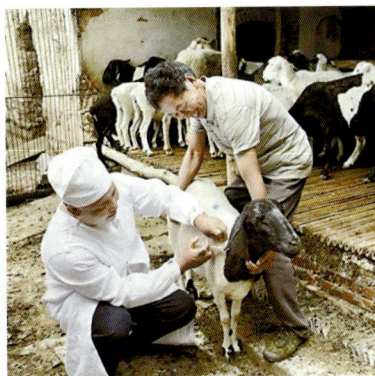

图8-22　颈部肌内注射

89. 羊舍如何防蚊蝇?

蚊蝇叮咬羊群,不仅影响羊的生长发育和饲料利用率,而且会传播各种疾病,包括人兽共患病。驱蝇灭蚊是养羊管理的重要措施。羊场应做好生产区的环境卫生,对蚊蝇滋生地实施生物、化学、物理等歼灭措施。

经常清洗食槽、水槽,及时清除羊舍内地面及排粪沟中的积粪、积水和垃圾,加强通风换气,保持舍内干燥洁净。养殖区域可种植香樟树(图8-23)、薰衣草、食虫草(图8-24)、猪笼草(图8-25)、夜来香、驱蚊草等植物,同时安装纱窗和灭蝇灯(图8-26)、捕蚊器(图8-27)。

当蚊蝇数量过多或需要紧急防治时,用化学方法来杀灭蚊蝇较为简便有效。可选用无毒或是毒性较小的药剂,做到既能有效杀灭蚊蝇,又能不影响羊的正常生长发育。常用的药剂有烯丙菊酯、四氟甲醚菊酯、炔丙菊酯等,这些是制作蚊香、电热蚊香片、气雾剂的有效成分。

图 8-23　香樟树

图 8-24　食虫草

图 8-25　猪笼草

图 8-26 灭蝇灯

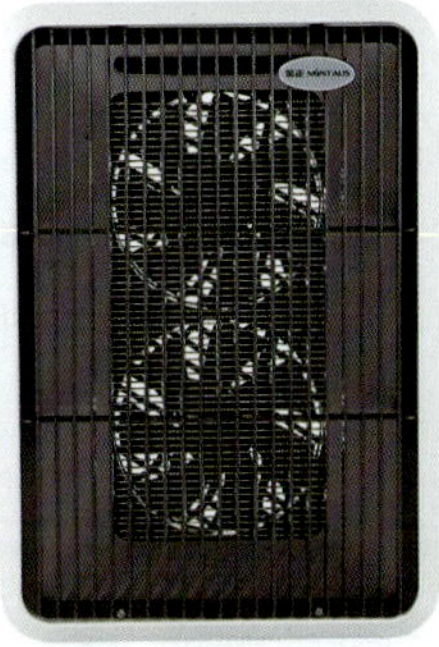

图 8-27 捕蚊器

90. 羊场如何防鼠？

老鼠携带大量细菌和病毒，可传播各种疾病，包括鼠疫等人兽共患病（图8-28）。同时，老鼠还会损坏电线、电缆等设备，啃

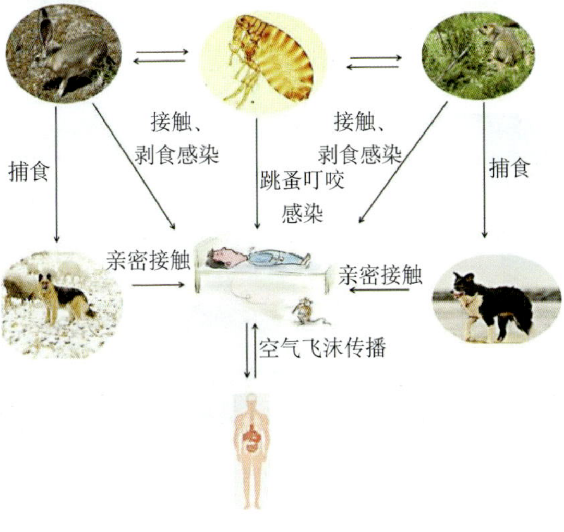

图 8-28 鼠疫传播途径

食、破坏青贮饲料，造成经济损失。

防鼠需要做好环境治理，清除鼠类的栖息场所，经常清除养殖区内的杂草（图8-29），及时堵塞鼠洞（图8-30）；尽量断绝老鼠的食物来源；室内排水沟要安装挡鼠栅；羊舍内可以采用粘鼠板（图8-31）、捕鼠笼（图8-32）、鼠夹、电子捕鼠器（图8-33）、超声波驱鼠器等物理方法进行常年灭鼠。

图8-29　杂草丛中的老鼠

图8-30　堵塞鼠洞

图8-31　粘鼠板

图8-32　捕鼠笼

图8-33　电子捕鼠器

　　鼠害过于严重时，可采用化学药物防治。尽可能在鼠洞口或鼠常出没的场所投放毒饵；定期定点投放灭鼠药。同时应及时收集鼠尸和残余鼠药，并做无害化处理。

91. 如何给羊进行药浴？

　　给羊剪毛后的7天内，应及时组织药浴，以防疥癣病的发生。如剪毛和药浴的间隔时间过长，则不易洗透。药浴使用的药剂有0.05%辛硫磷乳油、1%敌百虫溶液、速灭菊酯80～200毫克/千克（以体重计）、溴氰菊酯50～80毫克/千克（以体重计）。也可用石硫合剂，其配方是生石灰7.5千克，硫黄粉末12.5千克，用水拌成糊状，加水300千克，边煮边搅拌，煮至浓茶色为止，沉淀后取上清液加温水1 000千克即可。

　　药浴分池浴、淋浴和盆浴三种。池浴是在专门建造的药浴池中进行，最常见的药浴池为用水泥筑成的沟形池，药液的深度以没过羊体为宜，羊出浴后在滴流台上停留10 ～ 20分钟（图8-34）。淋浴是在特设的淋浴场进行，淋浴时把羊赶入淋浴场，开动水泵喷淋，经3分钟淋透羊的全身后关闭水泵，将淋过的羊赶入滤液栏中，经3 ～ 5分钟放出（图8-35）。也可使用喷淋车给运载中的羊进行淋浴（图8-36）。

图8-34　药浴池药浴

图8-35　淋浴药浴

图8-36　自走式药浴喷淋车

　　药浴时应注意：羊在药浴前8小时停止喂料，药浴前2～3小时饮足水，以防止羊喝药液。药浴应选择在暖和无风的天气进行，以防羊受凉感冒，浴液温度保持在30℃左右。先给健康的羊药浴，然后是病羊。羊在药浴后5～6小时可转为正常饲养。第一次药浴后8～10天可重复药浴1次。

92. 如何给羊进行剪毛?

　　给羊剪毛有手工剪毛和机械剪毛两种方式。正常为春、秋季各剪毛1次，育肥羊通常在到达育肥目的地后第7～10天进行剪毛。

视频16

　　剪毛应从低价值羊开始，按粗毛羊、杂种羊、细毛羊或半细毛羊的顺序进行；患皮肤病和体外寄生虫病的羊最后剪毛，以免传染。羊在剪毛前12小时停止放牧、饮水和喂料，以免剪毛时粪便污染羊毛和发生伤亡事故。

　　羊群较小时多采用手工剪毛（图8-37），羊群较大时可采用机械剪毛（图8-38）。剪毛要选择在无风的晴天进行，以免羊着凉感

冒。剪毛时，先用绳子把羊的左侧前、后肢捆住，使羊左侧卧地，剪毛员蹲在羊背后，从羊后肋向前肋直线开剪，然后按与此平行的方向剪腹部及胸部的毛，再剪前、后肢的毛，最后剪头部的毛，直到将羊的半身毛剪至背中线，再用同样的方法剪另一侧的毛。最后检查全身，剪去遗留的羊毛。

图 8-37　手工剪毛

图 8-38　机械剪毛

剪毛的注意事项：①剪刀放平，紧贴羊的皮肤，留茬要低且齐，若毛茬过高，也不要重复剪取；②保持毛被完整，不要让粪、土、草屑等混入毛被，以利于羊毛按分级分开；③剪毛动作要快，翻羊要轻，剪毛时间不宜过久；④尽量不要剪破皮肤，一旦剪破要及时消毒、涂药或缝合。

93. 如何给羊进行修蹄？

羊蹄壳生长较快，如不整修，易造成畸形（图8-39）、系部下坐、行走不便，从而影响羊的活动和采食。舍饲母羊通常在断奶后、公羊通常在配种前期进行修蹄。放牧羊宜在进入冬牧前，或于雨后进行修蹄，此时蹄质软，易修剪。

视频17

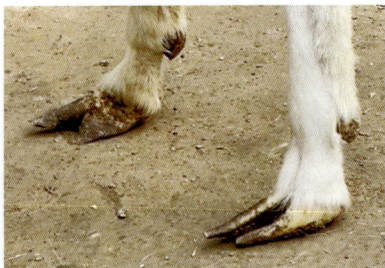

图8-39　蹄甲过长

修蹄时让羊坐在地上，背部靠在修蹄人员的两腿间（图8-40A）；修蹄人员从前蹄开始修剪（图8-40B），用修蹄剪或快刀将过长的蹄尖剪掉（图8-40C），然后将蹄底的边缘修整得和蹄底一样平齐（图8-40D）。蹄底修到可见淡红色的血管为止，不要过度修剪。整形后的羊蹄，蹄底平整，前蹄呈方圆形。变形蹄需多次修剪，逐步校正。

羊发生腐蹄病时，要除去患部的坏死组织，到出现干净创面时，用食醋、4%醋酸、1%高锰酸钾、3%来苏儿或双氧水冲洗，再用30%硫酸铜或6%福尔马林进行蹄浴。若脓肿部分未破，应切开排脓，然后用1%高锰酸钾洗涤，再涂擦浓福尔马林或撒以高锰酸钾粉。对于腐蹄病严重的病羊，应在局部用药的同时，使用全身性抗生素。

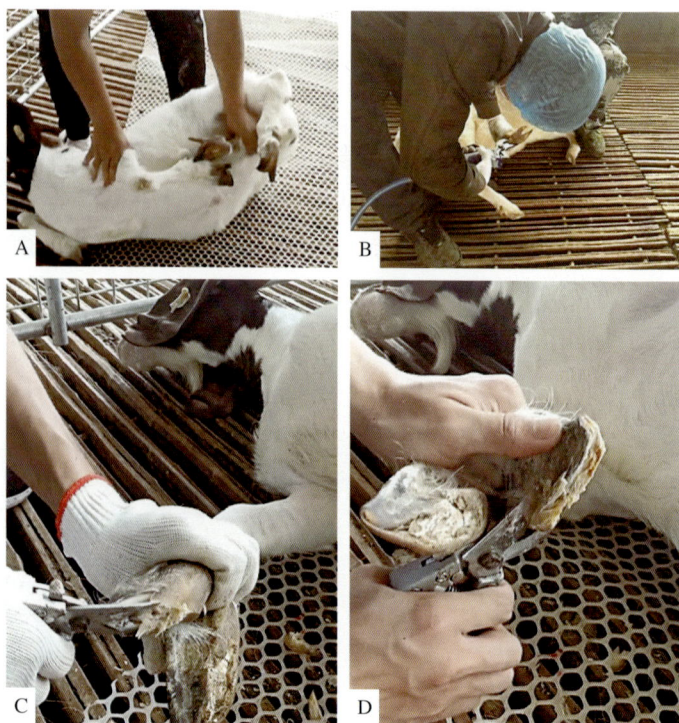

图8-40　修蹄

94. 如何防控布鲁氏菌病?

布鲁氏菌病（简称"布病"）是由布鲁氏菌属细菌引起的人兽共患的常见传染病。我国将其列为二类动物疫病。为了预防、控制和净化布病，应依据《中华人民共和国动物防疫法》及有关的法律法规，制定布鲁氏菌病防治技术规范。

（1）流行特点　布鲁氏菌是一种细胞内寄生的病原菌，主要侵害动物的淋巴系统和生殖系统。病畜主要通过流产物、精液和乳汁排菌，污染环境。羊、牛、猪的易感性最强。母畜比公畜、成年畜比幼年畜发病多。在母畜中，第一次妊娠的母畜发病较多。带菌动物，尤其是病畜的流产胎儿、胎衣是主要传染源。消化道、呼吸道、生殖道是主要的感染途径，也可通过损伤的皮肤、黏膜等感染。布病常呈地方性流行。人主要感染羊种布鲁氏菌、牛种布鲁氏菌。

（2）**临床症状**　本病潜伏期一般为14～180天。最显著的症状是妊娠母畜发生流产（图8-41），流产后可能发生胎衣滞留和子宫内膜炎，从阴道流出污秽不洁、恶臭的分泌物。新发病的畜群流产较多；老疫区的畜群发生流产的情况较少，但发生子宫内膜炎、乳腺炎、关节炎、胎衣滞留、久配不孕的情况较多。公畜往往发生睾丸炎（图8-42）、附睾炎或关节炎。

图8-41　布病引起的流产

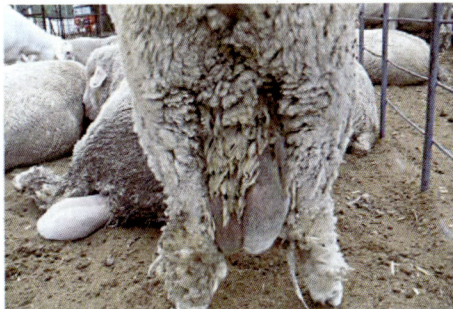

图8-42　布病引起的睾丸炎

（3）防控措施　任何单位和个人发现疑似疫情，应当及时向当地动物防疫监督机构报告。动物防疫监督机构接到疫情报告并确认后，按《动物疫情报告管理办法》及有关规定及时上报。发现疑似疫情，畜主应限制动物移动；对疑似患病动物应立即隔离。发生重大布病疫情时，当地县级以上人民政府应按照《重大动物疫情应急条例》的有关规定，采取相应的扑灭措施。非疫区以监测为主；稳定控制区以监测净化为主；控制区和疫区实行监测、扑杀和免疫相结合的综合防治措施。

①免疫接种　疫情呈地方性流行的区域，应采取免疫接种的方法进行预防。疫苗选择布鲁氏菌病疫苗 S2 株、M5 株、S19 株以及经农业农村部批准生产的其他疫苗。

②无害化处理　患病动物及其流产胎儿、胎衣、排泄物、乳汁、乳制品等按照相关规定进行无害化处理。

③消毒　对被患病动物污染的场所、用具、物品等进行严格消毒。羊场的金属设施、设备可采取火焰、熏蒸等方式消毒；圈舍、场地、车辆等可选用 2% 氢氧化钠等有效消毒药进行消毒；饲料、垫料等可采取深埋发酵处理或焚烧处理；粪便采取堆积密封发酵；皮毛用环氧乙烷、福尔马林进行熏蒸消毒。

95. 如何开展羊的检疫和疫病监测？

羊从生产到出售要经过出入场检疫、收购检疫、运输检疫和屠宰检疫。羊场或养羊专业户引进羊时，只能从非疫区购入，经当地兽医检疫部门检疫，并签发检疫合格证明书；运抵目的地后，再经本场或专业户所在地兽医验证、检疫，并隔离观察 1 个月以上，确认为健康者，经驱虫、消毒，没有注射过疫苗的还要补注疫苗，方可混群饲养。羊场采用的饲料和用具，也要从无疫区购入，以防疫病传入。

（1）**疫病监测**　第一，当地畜牧兽医行政管理部门必须依照《中华人民共和国动物防疫法》及其配套法规的要求，结合当地实际情况，制定疫病监测方案，由当地动物防疫监督机构实施，羊场应积极予以配合。第二，羊场开展常规监测的疾病至少应包括口蹄疫、羊痘、蓝舌病、炭疽、布鲁氏菌病；同时须注意监测外来病的传入，如痒病、小反刍兽疫、梅迪-维斯纳病、山羊关节炎、脑炎等。除上述疫病外，还应根据当地实际情况，对其他必要的疫病进行监测（图8-43）。第三，根据实际情况由当地动物防疫监督机构定期或不定期对羊场进行必要的疫病监督抽查，并将抽查结果报告当地畜牧兽医行政管理部门，必要时还应反馈给羊场。

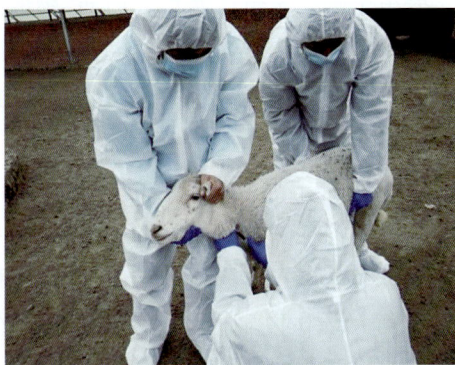

图8-43　疫病监测

（2）**防疫措施**　第一，及时发现，快速诊断，立即上报疫情。确诊的病羊应迅速隔离。如发现一类和二类疫病暴发或流行（如口蹄疫、痒病、蓝舌病、羊痘、炭疽等）应立即采取封锁等综合防疫措施。第二，对易感羊群进行紧急免疫接种，及时注射相关疫苗和抗血清，并加强药物治疗、饲养管理及消毒管理。提高易感羊群的抗病能力。对已发病的羊，在严格隔离的条件下，及时进行治疗，争取早日康复，减少经济损失。第三，对污染的圈舍、运动场及病羊接触的物品和用具都要进行彻底的消毒和焚烧处理。对病死羊和淘汰羊严格按照传染病羊尸体的卫生消毒方法，进行焚烧后深埋。

（3）疫病控制和扑灭　第一，立即封锁现场，驻场兽医应及时进行诊断，并尽快向当地动物防疫监督机构报告疫情。第二，确诊发生口蹄疫、小反刍兽疫时，羊场应配合当地动物防疫监督机构，对羊群实施严格的隔离、扑灭措施。第三，发生痒病时，除了对羊群实施严格的隔离、扑杀措施外，还须追踪调查病羊的亲代和子代。第四，发生蓝舌病时，应扑杀病羊；如只是血清学反应呈现抗体阳性，并不表现临床症状时，须采取清群和净化措施。第五，发生炭疽时，应焚毁病羊，并对可能的污染点进行彻底消毒。第六，发生羊痘、布鲁氏菌病、梅迪-维斯纳病、山羊关节炎、脑炎等疫病时，应对羊群实施清群和净化措施。第七，全场进行彻底的清洗消毒，病死或淘汰羊的尸体应及时进行无害化处理。

（4）防疫记录　每群羊都应有相关的防疫档案记录，其内容包括：羊的来源、饲料消耗情况、发病率、死亡率以及死亡原因、无害化处理情况、实验室检查结果、用药及免疫接种情况、消毒情况、发运目的地等（表8-1）。所有记录应妥善保存，且应在清群后保存2年以上。建立羊卡，做到一羊一卡一号，记录羊的编号、出生日期、外貌、生产性能、免疫和检疫情况、病历等原始资料。

表8-1　羊防疫档案记录表

羊基本情况		
羊号	羊场编号	登记日期
品种	来源	出生日期
毛色	初生重（千克）	外貌

（续）

羊基本情况				
免疫记录				
日期	疫苗名称	接种剂量 （毫克、毫升）	接种方法	接种人员
消毒记录				
日期	消毒对象 消毒剂	剂量 （毫克、毫升）	消毒方法	消毒人员
疫病监测记录				
日期	布病 口蹄疫 羊痘 羊口疮	羊传染性 胸膜肺炎	伪狂犬病	其他
羊病史记录				
发病日期	病名	预后情况	实验室 检查结果 病因分析	使用兽药
无害化处理记录				
处理日期	处理对象	处理数量 （只）	处理原因 处理方法	处理人员

九、肉羊产品及初加工

96. 肉羊屠宰流程有哪些？

（1）**致晕**　用击晕枪或肉羊屠宰专用电击晕器致晕。

（2）**吊挂**　采用专用工具扣紧肉羊的后肢小腿，吊挂入轨道，操作要迅速。

（3）**屠宰放血**　采用颈部放血法放血，从喉部下刀横切，割断食管、气管和血管（断三管）放血；或从喉部右侧进刀侧切，割断颈动脉放血。放血刀应在82 ℃以上热水中消毒，每次轮换使用。沥血时间不少于3分钟（图9-1）。

图9-1　屠宰放血

（4）**预剥皮**　从跗部后侧向上挑开羊皮至夹裆，将后腿皮及臀部皮剥至尾根处，剥开羊尾皮；从跗关节割下后蹄，用链钩钩住跗关节处，挂入轨道；从腕关节处割下前蹄；从腕关节下刀，沿前腿内侧中线挑开羊皮至胸中线，剥开前腿及胸颈部皮至两肩处（图9-2）。

视频18　　　　视频19　　　　视频20

图9-2　预剥皮（左）和扯皮（右）

（5）扯皮　机械扯皮时将羊尾部的皮、后腿皮放入剥皮机卡扣夹紧，启动剥皮机，扯下羊皮。人工扯皮时抓住羊的尾部及后腿皮，扯下羊皮。

（6）烫毛、脱毛　先修剪体表过长的羊毛，然后进行脱毛。采用脱毛机脱毛时，应在放血后先去掉羊角。烫毛池水温为67～69℃，羊屠体没入水面下，翻转2～3次，浸烫1.5～2.5分钟后迅速用脱毛机脱毛或人工脱毛。最后用燎毛器烧去胴体表面残留的绒毛及皮屑。

（7）去头、蹄　从放血口下刀，沿寰枕关节割下羊头，再割下羊蹄；然后将胴体倒挂入轨道。

（8）取内脏　沿肛门四周割开并剥离组织，并提高至10厘米左右；用塑料袋套住肛门，扎紧；将结扎好的肛门送回体内；在放血口处剥离食管和气管，将食管口部扎紧；从羊腹部中线下刀，向下割开腹腔至剑状软骨处；将肠系膜及其他连结组织分离，取出白内脏；割下膀胱和输尿管，清理腰油；沿体腔壁割开膈肌及其他连结组织，拉出气管，取出心脏、肝脏、肺脏；割开腰油取出肾脏；冲洗胴体腹腔、胸腔（图9-3）。

（9）同步检验和胴体修整　按照《牛羊屠宰产品品质检验规则》（GB 18393—2001）及《动物检疫管理办法》的相关要求，对胴体、头、蹄和内脏进行检验。修割乳头、遗漏腺体、脓包、伤

图9-3 取内脏

疤、残存皮毛等，并将胴体冲洗干净。

（10）预冷 冲洗胴体表面及体腔、刀口处。于温度为0~4℃、湿度为85%~90%的环境中吊挂胴体，胴体间距不小于10厘米，预冷12~24小时，以后腿肌肉最厚处的中心温度降至4℃以下为准。

97. 羊肉分割产品有哪些?

羊胴体冻结车间的温度应低于-28℃。以热鲜羊胴体为原料进行分割时，热分割车间的温度应不高于20℃，从屠宰到分割结束应不超过2小时。以冷却羊胴体为原料进行分割时，冷却分割车间的温度应不高于

视频21

12℃，分割后羊肉切块的中心温度应不高于7℃，分割滞留时间不超过0.5小时。以冷冻羊胴体为原料进行分割时，冷冻分割车间的温度应不高于12℃，分割滞留时间不超过0.5小时。常见羊肉产品见表9-1。

表9-1 羊肉产品

品名	分割部位	产品图片	分割方法和修整要求
羊脖切片（颈排）			胴体经第3、4颈椎之间切割，得到完整带骨羊脖（修除脖头的血污、淋巴，去掉寰椎前端薄片）。羊脖切片以冷冻羊脖为原料，将带骨羊脖切片，厚度为0.8~1厘米

（续）

品名	分割部位	产品图片	分割方法和修整要求
羊前腿			沿月牙骨边缘取下完整带骨羊前腿。尽量保持云皮的完整性，带月牙骨
羊前腱			沿胸骨与盖板远端的胸骨切除线自前1/4胴体切下前腱子肉
羊棒骨			将前、后腿肉剔除，表面稍微带肉，获取前、后腿内的骨头（股骨和棒骨）
羊腩			由半胴体肋骨与胸骨结合处直切至膈，在第11肋骨上转折，再经腹肋肉切至腹股沟浅淋巴结
法式肋排			由胸腹腩第2肋骨与胸骨结合处直切至第10肋骨，除去腹肋肉并进行修整而成
肩肉，羊肩网肉/前腿包			去除羊脖后，由腹侧切割线沿第2和第3肋骨与胸骨结合处直切至第3、4、5肋骨，保留部分桡、尺骨和腱子肉。羊肩网肉/前腿包由肩肉剔骨分割而成，分割时剔除骨、软骨、板筋（项韧带），然后卷裹后用网套结而成
羊肋脊排和单骨排			由腰眼经第4、5、6、7肋骨与第13肋骨之间切割而成。单骨排沿两根肋骨之间，垂直于胸椎方向切割（单骨羊排）
蝴蝶排			以带骨腰椎为原料，速冻后将带骨腰椎切片，厚度为0.8～1厘米

225

（续）

品名	分割部位	产品图片	分割方法和修整要求
羊腰肌骨，羊龙骨（俗称羊蝎子）			将带骨腰椎上的肉剔除，表面带肉
羊里脊			由里脊头向里脊尾，逐个剥离腰椎横突，取下完整的里脊
羊通脊			自胴体的第1颈椎沿胸椎、腰椎直至腰荐结合处剥离并取下背腰最长肌
羊后腿			沿股骨头处取下完整带骨羊后腿
羊后腱			自胫骨与股骨之间的膝关节切割，切下后腱子肉
去臀腿和后腿包			在距离髋关节大约12毫米处成直角切去带骨臀腰肉而得。后腿包由后腿肉经剔骨分割，然后卷裹后用网套结而成
米龙			由后腿沿臀肉与膝圆之间的自然缝分割而成
臀肉			把米龙剥离后可见的完整肉块，沿其边缘分割即可得到臀肉

（续）

品名	分割部位	产品图片	分割方法和修整要求
膝圆（又称羊霖）			当粗米龙、臀肉去下后，能见到一块长圆形肉块，沿此肉块自然缝分割，除去关节囊和肌腱即可得到膝圆
羊肉卷			按照产品要求选择剔骨羊肉（添加或不添加羊尾油），然后用塑料膜将其卷成肉卷后入库速冻而得
羊肉串、羊肉块/粒			羊肉剔除表面脂肪和结缔组织，并修整成一定大小的肉块，采用竹签穿串；或直接修整成一定大小的羊肉块或羊肉粒
羊肉馅			肉馅含后腿肉、碎肉、膘油，按照一定比例要求，用绞肉机绞馅而得
月牙骨			前腿夹心肉与扇面骨相连处的一块月牙形软组织
羊尾			将尾椎与脊椎分离后，整个尾椎上的肌肉及其他组织不予分离，修剔干净得到羊尾

98. 如何测定肉羊的屠宰性能？

（1）**宰前活重**　将待测羊宰前禁食24小时、禁水2小时后称得的活重即宰前活重，以千克表示。

（2）**胴体重** 将待测羊屠宰后，去皮、头、蹄以及内脏（保留肾脏及肾脂），静置30分钟后称得的重量即胴体重，以千克表示（图9-4）。

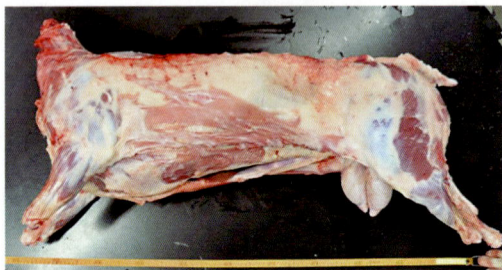

图9-4 测定胴体重

（3）**屠宰率** 指胴体重占宰前活重的百分比。计算公式为：

$$屠宰率 = 胴体重 / 宰前活重 \times 100\%$$

（4）**净肉重** 将胴体上的肌肉、脂肪、肾脏剔除后称量骨重，以胴体重与骨重差值作为净肉重。要求在剔肉后的骨上附着的肉量及耗损的肉屑量不能超过1%。

（5）**净肉率** 指净肉重占宰前活重的百分比。计算公式为：

$$净肉率 = 净肉重 / 宰前活重 \times 100\%$$

（6）**胴体净肉率** 指净肉重占胴体重的百分比。计算公式为：

$$胴体净肉率 = 净肉重 / 胴体重 \times 100\%$$

（7）**眼肌面积** 指胴体第12～13肋骨之间眼肌（背最长肌）的横切面积。一般用硫酸绘图纸描绘出胴体眼肌横切面的轮廓，再用求积仪计算面积，以厘米^{2}表示。如无求积仪，可准确测量眼肌轮廓的高度和宽度，再用以下公式估测眼肌面积：

$$眼肌面积 = 眼肌高度 \times 眼肌宽度 \times 0.7$$

（8）**GR值** 指胴体第12～13肋骨之间，距背脊中线11厘米处的组织厚度（图9-5），作为代表胴体脂肪含量的标志，以毫米表示。通常采用游标卡尺测量。

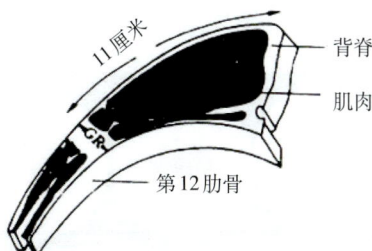

图9-5　GR值测定部位示意

（9）**背脂厚**　指胴体第12～13肋骨之间眼肌中部正上方的脂肪厚度（图9-6），以毫米表示。通常采用游标卡尺测量。

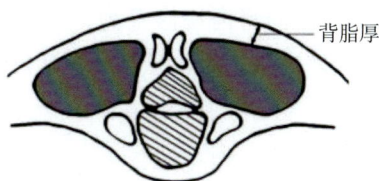

图9-6　背脂厚测定部位示意

（10）**尾重**　指从胴体第1尾椎前缘割尾后称得的尾部重量。以克表示。

99. 如何测定羊肉品质？

（1）**肉色**　用色差仪测定背最长肌的亮度（L）、红度（a）和黄度（b）。测定部位为胸腰椎结合处背最长肌。将样品修整为3厘米厚放置在操作台上，在平整的肌肉切面上随机选择1个点测定肉色后，旋转样品45°再测定1次，然后再旋转样品45°再测定1次，即每个点测3次。共测3个点，即3个平行样。3个平行样的测定结果偏差应小于5%。最后根据测定结果对肉色进行评分：灰白色评1分，红色评2分，鲜红色评3分，微暗红色评4分，暗红色评5

分，两级间允许评0.5分（图9-7）。

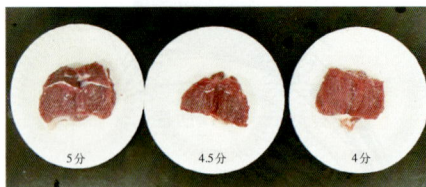

图9-7　肉色测定

（2）pH　利用肉用pH计测定背最长肌的pH。每个肉样测2个平行样，每个平行样测2次。2个平行样的测定结果偏差应小于5%。

（3）滴水损失　取胸腰椎结合处背最长肌，剔除表面脂肪和结缔组织，沿肌纤维走向将肉块修整为5厘米×3厘米×2厘米的长条，用S形挂钩挂住肉条一端，悬挂于一次性透明塑料杯内，保证在静置状态下肉块不与杯壁接触。然后将塑料杯置于7号自封袋（规格为20厘米×14厘米）内，使S形挂钩上端露出袋口，将袋沿封好，置于0～4℃冰箱中保存24小时。若冰箱有挂架，将S形挂钩上端挂于挂架上，若冰箱无挂架，可将塑料杯直立于冰箱内。24小时后取出肉块，用滤纸轻轻吸干肉块表面的水分，用精度为0.001克的天平测定悬挂前后的肉样重量，测定滴水损失（图9-8）。计算公式为：

滴水损失＝（肉样挂前重－肉样挂后重）/肉样挂前重×100%

图9-8　测定滴水损失

（4）**熟肉率**　取左侧腰大肌中段约100克或背最长肌30克肉样，剔除表面脂肪和结缔组织，将肉样置于5号保鲜自封袋（规格为15厘米×10厘米）内，挤尽袋内气体后封口，将自封袋置于恒温水浴锅内以100℃水浴45分钟，在室温（20℃左右）下冷却20分钟后，取出肉样用滤纸吸干表面水分，用精度为0.001克的天平测定蒸煮前后肉样的重量（图9-9）。计算公式为：

$$熟肉率 = 肉样蒸后重/肉羊蒸前重 \times 100\%$$

图9-9　测定熟肉率

（5）**剪切力**　剔除背最长肌表面的脂肪与结缔组织，修剪成约6厘米×3厘米×3厘米的肉样，将样品置于5号保鲜自封袋（规格为15厘米×10厘米）内，挤尽袋内气体后封口，将自封袋置于恒温水浴锅内以80℃水浴1小时，取出肉样吊挂于阴凉干燥处，在室温（20℃左右）下冷却20分钟后，用直径为1.27厘米的圆形取样器沿肌纤维方向取中心部肉样，并修剪为至少6块大小约1.5厘米×1.0厘米×1.0厘米的测试样块，然后用质构仪测定剪切力（图9-10），以牛顿表示。

图9-10　测定剪切力

100. 羊粪如何加工利用？

（1）发酵处理　利用各种微生物的活动来分解羊粪中的有机物，可以有效地提高有机物的利用率。根据发酵微生物的种类可分为有氧发酵和厌氧发酵两类。其中有氧发酵主要有充氧动态发酵和堆肥发酵。

①充氧动态发酵　是指在适宜的温度、湿度以及供氧充足的条件下，好气菌迅速繁殖，将羊粪中的有机物分解成易被消化吸收的物质，同时释放出硫化氢、氨等气体。在45～55℃下处理12小时左右，可生产出优质有机肥料和再生饲料。

②堆肥发酵　是指富含氮有机物的羊粪与富含碳有机物的秸秆等，在好氧、嗜热性微生物的作用下转化为腐殖质、微生物及有机残渣的过程（图9-11）。堆肥过程产生的高温（50～70℃），可使病原微生物和寄生虫卵死亡。炭疽杆菌的致死温度为50～55℃，所需时间为1小时；布鲁氏菌的致死温度为65℃，所需时间为2小时；口蹄疫病毒在50～60℃下迅速死亡；寄生虫卵和幼虫在50～60℃下，经1～3分钟即可杀灭。经过高温处理的粪便呈棕黑色、松软、无特殊臭味、不招苍蝇、卫生无害。

图9-11　羊粪的堆肥发酵处理

（2）**干燥处理** 分为三种：①脱水干燥处理，即通过脱水干燥，使羊粪的含水量降到15%以下，便于包装运输，又可抑制羊粪中微生物的活动，减少养分（如蛋白质）损失。②高温快速干燥处理，即采用以回转圆筒烘干炉为代表的高温快速干燥设备，在短时间（10分钟左右）内将含水率为70%的湿羊粪，迅速干燥至含水率仅为10%～15%。③太阳能自然干燥处理，通常采用专用的塑料大棚，大棚长度可达60～90米，内有混凝土槽，两侧为导轨，在导轨上安装有搅拌装置。湿粪装入混凝土槽后，搅拌装置沿着导轨在大棚内反复行走，通过搅拌板的正、反向转动来捣碎、翻动和推送畜粪，并通过强制通风排出大棚内的水汽，达到干燥羊粪的目的（图9-12）。夏季只需要约1周的时间即可把羊粪的含水量降至10%左右。

图9-12 羊粪的太阳能自然干燥处理

（3）**用作肥料** 羊粪作为肥料使用时，应先根据饲料的营养成分和吸收率，估测羊粪中的营养成分。另外，施肥前要了解土壤类型、成分及作物种类，确定合理的作物养分需要量，并在此基础上计算羊粪施用量。羊粪最好先经发酵后再烘干，然后与无机肥配制成复合肥（图9-13）。复合肥不但松软、易拌、无臭味，而且施肥后不再发酵，特别适合于盆栽花卉、无土栽培及庭院种植业（图9-14）。

图9-13　羊粪用作配制肥料

图9-14　利用羊粪复合肥种植的绿色作物